AF565892

Rita und Frank Lüder

Pilze zum Genießen...
... für unterwegs

Dr. Rita und Frank Lüder
An den Teichen 5
31535 Neustadt
www.kreativpinsel.de

Die Autoren haben alle Angaben sorgfältig geprüft und nach bestem Wissen und Gewissen notiert. Fehlermeldungen und Verbesserungsvorschläge werden dankbar entgegengenommen. Was die Rezepte und Medikationen der Pilze betrifft, liegen persönliche Unverträglichkeiten und Überdosierungen in der Verantwortung des Lesers. Der Verlag und die Autoren übernehmen keine Haftung für schädliche Folgen, die sich aus dem Gebrauch oder Missbrauch der hier aufgeführten Informationen ergeben. Bei ernsthaften Erkrankungen ist in jedem Fall fachlicher Rat bei entsprechenden Therapeuten einzuholen.

Zeichnungen: Rita Lüder
Fotos: Rita und Frank Lüder
Fotos S. 133: Peter Karasch

Bibliografische Information der Deutschen Bibliothek
Die Deutsche Bibliothek verzeichnet diese Publikation in der Deutschen Nationalbibliografie; detaillierte bibliografische Angaben sind im Internet über www.d-nb.de abrufbar.

1. Auflage 2023

ISBN 978-3-9814612-4-4
Druck und Bindung: mediaprint solutions, Paderborn

Inhaltsverzeichnis

Lamellenpilze

Giftpilze und Doppelgänger

Verdacht auf Vergiftung? 137

Vorwort

In diesem Büchlein findest du über 100 Pilzarten mit ihren Erkennungsmerkmalen. Die essbaren Arten sind **grün**, die ungenießbaren **schwarz** und die giftigen **rot** gekennzeichnet. Dabei haben wir uns gedacht, dass es am besten ist, zunächst einmal mit den einfachen Arten zu beginnen, also solchen, die kaum Verwechslungsmöglichkeiten bieten, wie z.B. die essbaren Riesen-Boviste und Krausen Glucken. Die Lamellenpilze sind kniffeliger und kommen weiter hinten, gefolgt von den möglichen Doppelgängern und gefährlichen Giftpilzen. Diese sind grob nach ihrer Giftigkeit sortiert und die tödlich giftigen Arten stehen am Ende des Kapitels.

Mehr als nur kulinarische Delikatessen

Die Pilzwelt ist genauso faszinierend wie die der Pflanzen. Es gibt hier ebenso Arten zum Färben, für die Gesundheit und für viele Bereiche des täglichen Lebens und für eine nachhaltige, kreative, bunte und freudvolle Zukunft im Einklang mit allen Lebewesen dieser Erde. Damit du einen raschen Überblick bekommst, wofür sie geeignet sind, verraten dir die Piktogramme auf einen Blick die Anwendungsbereiche. Neben den Portraits zu den Pilzen steht etwas darüber, wo sie zu finden sind und ob es giftige ähnliche Arten gibt, die du kennen solltest.

Sternchen: „PilzCoach-Arten“

Für Einsteiger sind unsere Favoriten mit Sternchen gekennzeichnet. Diese Arten halten wir persönlich für besonders einfach in der Bestimmung – es sind die Arten, die ein PilzCoach im Rahmen seiner Tätigkeit mit Gruppen zubereiten darf. Näheres zu dieser Ausbildung findest du unter www.pilzcoach.de

Rezepte

Bei den Rezepten handelt es sich um Grundrezepte, die du ganz nach deinen Vorlieben verändern kannst. Sie sind bewusst einfach gehalten, erprobt, authentisch so zubereitet, fotografiert und verspeist worden.

Wie geht es weiter?

Dieses Buch ist aus dem Wunsch entstanden, die wichtigsten Infos aus unserem Buch „Pilze zum Genießen ...für eine nachhaltige, kreative, leckere und gesunde Zukunft“ für unterwegs parat zu haben. Möchtest du mehr über diese Pilze erfahren? Dann empfehlen wir dir unser „großes“ Buch. Dort gibt es neben weiteren Rezepten und allgemeinen Texten viele Anleitungen zum Färben, Basteln, Bestimmen etc. – Pilze sind auch für unser Ökosystem unverzichtbar und haben ein schier unerschöpfliches Potential um den Herausforderungen unserer Zeit zu begegnen. Dort erfährst du einiges mehr darüber.

Einige Pilze haben wir auf YouTube eingestellt.
Sie sind mit diesem Symbol gekennzeichnet.
Unsere Videos findest du auch über www.kreativpinsel.de.

Viel Spaß mit dem faszinierenden Reich der Pilze wünschen dir

Rita und Frank Lüder

Infos zum Buch

An der Farbe der Überschrift erkennst du den Genusswert: rot bedeutet giftig, grün essbar und schwarz ungenießbar

Hier zeigen wir dir Fotos und Detailbilder, die im Text beschrieben werden

Durchschnittliche Größe. Bei Waldpilzen ist dieser Kasten braun

Wo findest du diesen Pilz?

Vorne im Buch sind die einfacheren Arten, weiter nach hinten werden sie kniffeliger - bei den Giftpilzen werden sie nach hinten immer giftiger

Dieses Zeichen bedeutet, dass es ein Video auf unserem YouTube-Kanal gibt

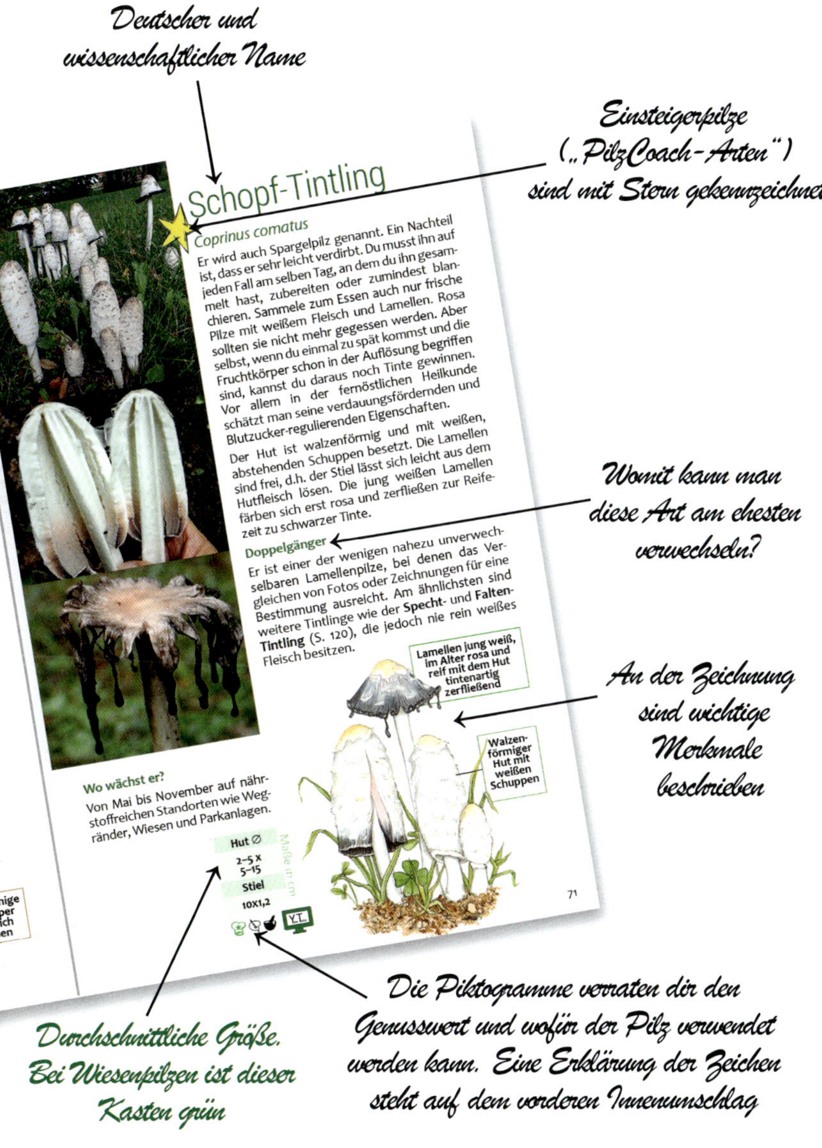

Schopf-Tintling

Coprinus comatus

Er wird auch Spargelpilz genannt. Ein Nachteil ist, dass er sehr leicht verdirbt. Du musst ihn auf jeden Fall am selben Tag, an dem du ihn gesammelt hast, zubereiten oder zumindest blanchieren. Sammele zum Essen auch nur frische Pilze mit weißem Fleisch und Lamellen. Rosa sollten sie nicht mehr gegessen werden. Aber selbst, wenn du einmal zu spät kommst und die Fruchtkörper schon in der Auflösung begriffen sind, kannst du daraus noch Tinte gewinnen. Vor allem in der fernöstlichen Heilkunde schätzt man seine verdauungsfördernden und Blutzucker-regulierenden Eigenschaften.

Der Hut ist walzenförmig und mit weißen, abstehenden Schuppen besetzt. Die Lamellen sind frei, d.h. der Stiel lässt sich leicht aus dem Hutfleisch lösen. Die jung weißen Lamellen färben sich erst rosa und zerfließen zur Reifezeit zu schwarzer Tinte.

Doppelgänger

Er ist einer der wenigen nahezu unverwechselbaren Lamellenpilze, bei denen das Vergleichen von Fotos oder Zeichnungen für eine Bestimmung ausreicht. Am ähnlichsten sind weitere Tintlinge wie der **Specht**- und **Falten-Tintling** (S. 120), die jedoch nie rein weißes Fleisch besitzen.

Wo wächst er?

Von Mai bis November auf nährstoffreichen Standorten wie Wegränder, Wiesen und Parkanlagen.

Ein eigenes Reich

Pilze haben ihre eigene Magie. Pflanze oder Tier – lange Zeit waren sie den Menschen ein Rätsel. Sie sind unbeweglich und haben Sporen wie die Farne, doch Blattgrün fehlt ihnen. Heute haben sie die Stellung, die ihrer Bedeutung im Ökosystem entspricht: Sie bilden ein eigenes Reich der Pilze.

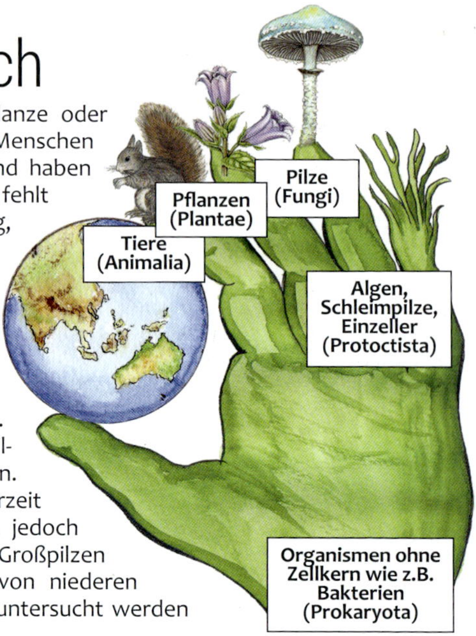

Zahlreich sind sie allemal: Studien von den britischen Inseln und aus den Alpen haben ergeben, dass es sechsmal mehr Pilze als Pflanzen gibt. Schätzungen zufolge sollen es Millionen verschiedener Pilzarten sein. Beschrieben sind davon weltweit derzeit ca. 100 000 Arten. Hierzu gehören jedoch neben den für uns interessanten Großpilzen auch die verschiedenen Gruppen von niederen Pilzen, die nur mit dem Mikroskop untersucht werden können.

Pilze (Fungi)
Pflanzen (Plantae)
Tiere (Animalia)
Algen, Schleimpilze, Einzeller (Protoctista)
Organismen ohne Zellkern wie z.B. Bakterien (Prokaryota)

Seit der schwedische Naturforscher Carl von Linné (1707 – 1778) sie in einem eigenen Reich den Pflanzen und Tieren ebenbürtig gegenübergestellt hat, ist das bis heute so geblieben. Ihre Namensgebung entspricht ebenfalls der von Linné eingeführten, sog. binären Nomenklatur. Danach besteht der Name aus zwei Teilen, der erste steht für die Gattung und der zweite (kleingeschriebene) für die Art. Pilze mit ähnlichem Aufbau werden in systematischen Einheiten zusammengefasst, z.B. in Familien und Gattungen. Der wissenschaftliche Name zeigt gleichzeitig die systematische Zuordnung und die Endung kennzeichnet die jeweilige Rangstufe. Diese Namensgebung ist eindeutig festgelegt und in der ganzen Welt identisch.

Allerdings ist die Systematik in der Pilzkunde ständig im Fluss. Durch feinere Analysemethoden der Inhaltsstoffe und genetischen Abstammung wird sichtbar, dass rein optisch nicht sehr ähnliche Pilze eine engere Verwandtschaft haben können als bisher angenommen. Daher wird das nomenklatorische System immer wieder neu geordnet, und auch im wissenschaftlichen Namen finden immer wieder Änderungen statt. Ich habe noch den Spruch des inzwischen verstorbenen Leiters der Hornberger Pilzlehrschau, Walter Pätzold, im Ohr: „Die deutschen Pilznamen variieren von Region zu Region und die wissenschaftlichen von Jahr zu Jahr."

Die mit bloßem Auge erkennbaren und mit der Hand pflückbaren Arten werden als Höhere Pilze oder Großpilze bezeichnet.

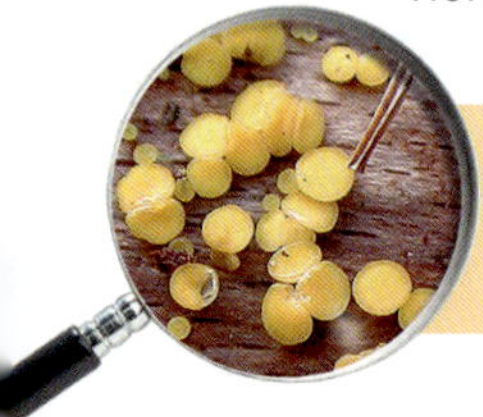

Auch Pilze, die winzige Fruchtkörper von nur 1-2,5 mm bilden, wie das Zitronengelbe Holzbecherchen (*Calycina citrina*) werden zu den Großpilzen gezählt.

Wie ein Fruchtkörper entsteht

Das, was wir als Pilz bezeichnen, ist nur der sichtbare Fruchtkörper eines weitaus größeren Gebildes. Der eigentliche Pilz ist ein fein verzweigtes Geflecht aus so genannten Hyphen, die das Substrat, d.h. Erdboden, Holz oder Laub, durchziehen und die Nährstoffaufnahme ermöglichen.

Du kannst dir den Pilz so vorstellen wie einen Apfelbaum. Das, was den Zweigen und Blättern entspricht, ist das Wurzelgeflecht des Pilzes im Boden. Die Äpfel entsprechen den sichtbaren Fruchtkörpern, den Pilzen. So wie der Baum im Herbst Früchte trägt, wachsen bei den passenden Klimabedingungen aus dem im Boden verborgenen Pilzmyzel Pilzfruchtkörper heran. Dazu vermehren sich die fädigen Hyphen und schließen sich zu zu einem dichten, festen Gewebe zusammen. Es ist das, was wir gemeinhin als Pilz bezeichnen und dient ausschließlich der Vermehrung. Zu diesem Zweck wird eine riesige Sporenmenge gebildet.

Alle Hyphen zusammen werden als Myzel bezeichnet. Das Myzel im Boden, der eigentliche Pilz, breitet sich jedes Jahr weiter aus. Besonders gut sichtbar wird dies an den kreisförmigen Hexenringen, bei denen das Pilzgeflecht vom Zentrum aus gleichmäßig in alle Richtungen wächst. Da nur am äußeren Rand die Fruchtkörper gebildet werden, wachsen die Pilze ringförmig angeordnet. Sind alle Nahrungsreserven im Boden aufgebraucht, stirbt das Myzel nur im Innern der Kreisfläche ab. So wird der Durchmesser eines Ringes von Jahr zu Jahr größer. **Nelken-Schwindlinge** (S. 93), **Wiesen-Champignons** (S. 86), **Parasolpilze** (S. 72), **Violette Rötelritterlinge** (S. 88), **Nebelkappen** (S. 89) und **Mai-Ritterlinge** (S. 92) wachsen meist in Ringen, aber auch noch einige andere Arten. Diese magische Form hat die Menschen seit jeher zu allerlei mystischen Gedanken und Legenden inspiriert. Ein Glaube war, dass die Hexen- oder Elfenringe überall dort entstehen, wo die Hexen oder Elfen in den klaren Vollmondnächten ihre Reigen getanzt haben.

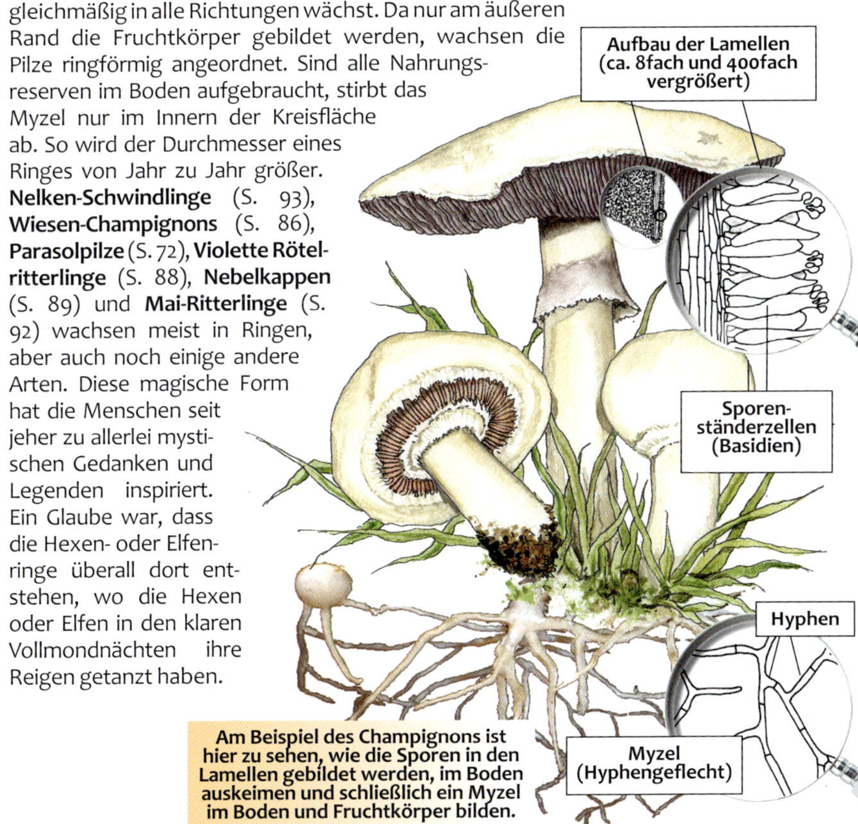

Am Beispiel des Champignons ist hier zu sehen, wie die Sporen in den Lamellen gebildet werden, im Boden auskeimen und schließlich ein Myzel im Boden und Fruchtkörper bilden.

Sporen

Die Fortpflanzung steht ganz im Dienst der Anpassung an veränderte Umweltbedingungen durch den sexuellen Austausch. Dies ist bei Pilz, Pflanze, Mensch und Tier genauso. Dadurch, dass sich die Erbanlagen zweier Individuen mischen, kommt es immer wieder zu neuen Kombinationen – und damit Eigenschaften und Möglichkeiten, auf die Umwelt zu reagieren. Die Sporen entsprechen den Samen der Pflanzen. Ähnlich wie diese dienen sie sowohl der Fortpflanzung als auch dem Überstehen von schlechten Perioden. Die Sporen werden meist geschützt auf der Unterseite der Hüte gebildet.

Um möglichst viele Sporen bilden zu können, wird die Oberfläche der Fruchtschicht vergrößert. Dies geschieht meist durch Lamellen oder Röhren. Auch die Form der Stachel- und Korallenpilze sowie der Morcheln und Lorcheln dient der Oberflächenvergrößerung. Um sich erfolgreich zu vermehren, wird eine unvorstellbar hohe Anzahl von Sporen gebildet. Bei einem reifen Champignon sind es pro Stunde bis zu 40 Millionen Sporen und auf einem mm^2 können über 100.000 Sporen gebildet werden – das ist eine Fläche kleiner als ein Stecknadelkopf! Für die Pilzbestimmung ist besonders die Farbe des Sporenpulvers wichtig. Sie reicht von weiß über creme, gelb, rötlich, bis zu braun und schwarz.

Die einzelnen Sporen sind nur mit dem Mikroskop sichtbar, doch ihre Farbe verrät schon sehr viel über die Familienzugehörigkeit. Die Sporenfarbe ist oft bereits auf den Hüten nebenstehender Pilze oder darunter liegender Blätter zu erkennen. Ist dies nicht der Fall, hilft ein Sporenabwurfpräparat, kurz auch Sporenabdruck oder Sporogramm genannt. Die Farbe der Lamellen verrät nicht immer die Farbe des Sporenpulvers, denn auch Pilze mit dunklen oder gelben Lamellen können weiße Sporen haben. Umgekehrt geht es nicht: Auch im Alter weiße Lamellen haben nur Pilze mit weißem Sporenpulver!

Ein Sporenabdruck ist leicht gemacht

Der Hut wird mit der Röhren- oder Lamellenschicht nach unten auf ein weißes oder schwarzes Papier oder eine Glasscheibe gelegt. Um zu verhindern, dass die feinen Sporen von der Zugluft im Raum verweht werden, am besten den Hut mit einem Glas abdecken.

Kreislauf des Lebens

In der Natur geht nichts verloren. Es ist ein ständiger Auf- und Abbau, bei dem die einzelnen Bausteine „nur“ immer wieder neu verbunden werden. Es kommt nichts hinzu und es geht nichts verloren. Darum sind Eingriffe in diesen Kreislauf teilweise auch von größerer Bedeutung als auf den ersten Blick vielleicht angenommen wird. Alles ist fein aufeinander eingestimmt. Der Mensch ist ein Teil dieser wundervollen Ordnung.

Erzeuger (Pflanzen): Bauen organische Stoffe auf (Photosynthese).

Verbraucher (Tiere): ernähren sich von diesen Substanzen.

Zersetzer (Pilze, Bakterien): bauen organische Substanzen ab.

Vereinfacht ausgedrückt sind die Pflanzen als sog. Produzenten in der Lage, alle Stoffe, die sie für Gedeihen und Wachstum benötigen, allein aus Wasser mit den darin gelösten Nährstoffen und Kohlendioxid aus der Luft aufzubauen – die Energie dafür liefert das Sonnenlicht (Photosynthese). Wie man heute weiß, sind die Pilze daran allerdings auch im erheblichen Maße mit beteiligt, da sie durch ihre Partnerschaft (Mykorrhiza, S. 14) einen wesentlichen Anteil dazu beitragen. Die Konsumenten (Tiere und wir Menschen) können das nicht, wir sind für unser Überleben darauf angewiesen, dass die Pflanzen uns diese Verbindungen zur Verfügung stellen. Schließlich müssen diese aufgebauten Substanzen nach dem Absterben der Pflanzen wieder in den Kreislauf einfließen. Diese Aufgabe übernehmen die Zersetzer (Destruenten/Saprobionten), das sind überwiegend Pilze. Selbst die Insekten, die Holz- und Pflanzenfasern verwerten, haben in ihrem Darm ebenfalls Pilze, die diese Stoffe aufschließen.

Lebensformen der Pilze

Bei der Artenfülle der Pilze überrascht es nicht, dass sie ganz verschiedene Strategien des Überlebens verwirklicht haben. Grob lassen sie sich drei verschiedenen Lebensformen zuordnen.

1. Lebensgemeinschaft mit Pflanzen (Mykorrhizapilze)
2. Zersetzer (Saprobionten)
3. Parasiten

Dank des Wood-Wide-Webs können Stümpfen gefällter Bäume noch so viele Nährstoffe zugeführt werden, dass diese die Schnittstelle überwallen und damit „am Leben“ bleiben.

Wood-Wide-Web – Mykorrhiza

Eine seit Jahrmillionen erfolgreiche Strategie zum Überleben ist Kooperation und Austausch. Zwischen Pilz und Pflanze wird sie Mykorrhiza genannt. Sie basiert auf dem Tauschgeschäft: Zucker gegen im Wasser gelöste Mineralstoffe und Informationen. Pilze können die Nährstoffe aus dem Boden besser aufschließen als Pflanzenwurzeln, da sie zersetzende Enzyme an den Boden in der Umgebung abgeben und es sozusagen schon außerhalb vorverdauen. Die Pilzfäden umspannen die Wurzelenden der Pflanzen. Sie vernetzen sich so untereinander um sich bei Stressfaktoren wie Trockenheit Wasser zukommen zu lassen. Außerdem tauschen sie chemische Botenstoffe, sie sind das Transportmedium des „Internets der Bäume", dem „Wood-Wide-Web". So informieren sie sich z.B. über einen bevorstehenden Angriff von Insekten, damit rechtzeitig Abwehrstoffe in den Blättern gebildet werden. Pilze erfüllen an den Pflanzenwurzeln auch eine Filterfunktion gegen Schwermetalle und wehren für sie zerstörerische Pilze und Bakterien ab.

Gerade auf mageren Böden ist diese Lebensgemeinschaft für die Bäume überlebenswichtig. Die Verbindung untereinander und mit den Pilzen bietet dem gesamten Ökosystem (auch über Artgrenzen hinaus!) viele Vorteile. Ist es stabil, wird ein eigenes Kleinklima aufrecht gehalten und beispielsweise extreme Hitze- und Kälte abgefedert. Bis sich ein natürlicher Wald mit seinen Pilzpartnern und ein gesundes Ökosystem entwickelt hat, dauert es mehr als 100 Jahre. Naturnahe, alte Wälder sind besser vernetzt als frisch gepflanzte Wälder oder isoliert stehende Parkbäume. 95 % aller unserer Pflanzen leben in Symbiose mit Pilzen, vom Mais und Getreide bis zu Obst und Gemüse. Mykorrhiza ermöglichte den ersten Landpflanzen überhaupt erst. Damals sind ihre Symbiosepartner vermutlich Blaualgen gewesen.

Pilze gehören für die Bodengesundheit in einen intakten Boden – egal ob Acker, Wiese oder Wald! Im Boden der Öko-Äcker hat man knapp 30 Schlüsselarten festgestellt, während auf konventionell bewirtschafteten Flächen kaum Pilze vorkommen. Schlüsselarten nennt man so, weil sie zwar nicht besonders zahlreich sind, jedoch einen großen Einfluss auf die mit ihnen verzahnt lebenden Organismen ausüben. Ähnlich verarmt sind unsere Böden an weiteren Helfern im Boden, den Insekten. In einer Handvoll gesunden, intaktem Boden leben mehr Lebewesen als Menschen auf der Erde – und zwar in einem so feinen Gleichgewicht, dass es keiner Eingriffe wie Pestizide und Dünger bedarf, wenn das ökologische Gleichgewicht stimmt.

Zersetzer

Zersetzer (Saprobionten) spielen nicht nur bei der Zersetzung des Holzes eine wichtige Rolle. Sie wachsen auf den verschiedensten Substraten. Es gibt keinen natürlichen Stoff, der nicht von einem Pilz abgebaut und so wieder in den Kreislauf des Lebens eingebracht werden könnte.
Die Bodenbewohner zersetzen überwiegend Nadeln und Laubstreu – Trichterlinge, Rüblinge und Schwindlinge gehören zu ihnen. Andere Pilze haben sich so stark spezialisiert, dass sie beispielsweise nur auf Kiefernadeln, auf Fruchthüllen von Bucheckern oder Esskastanien, den Überresten von Käfern oder im Innern bestimmter Blumen sowie auf Brandstellen oder Dung wachsen. Die Holzpilze (Xylobionten) werden wiederum noch einmal unterteilt in Weiß- und Braunfäule-Erreger. Versuche dir einmal vorzustellen, wie das Leben auf diesem Planeten aussehen würde, wenn es keine Pilze mehr gäbe und beispielsweise alle umstürzenden Bäume einfach im Wald liegen blieben, ohne zersetzt zu werden.

Diese Zunderschwämme haben ihr Leben auf einer lebenden Buche begonnen und sind nach dem Umsturz der alten Buche einfach mit einer 90°-Drehung als Zersetzer auf dem toten Holz weitergewachsen.

Schmarotzer

Man nennt sie auch Parasiten. Sie ernähren sich auf Kosten anderer, ohne ihrem „Wirt" eine Gegenleistung dafür zu erbringen. Im Pilzreich ist die Grenze zwischen Schädlingen und Zersetzern, also Parasiten und Saprobionten, jedoch nicht eindeutig und zeigt viele Übergänge. Besonders gut beobachten lässt sich dies an parasitischen Holzpilzen, die nach dem Absterben des Baumes noch lange als Zersetzer am toten Stamm leben. Ein Beispiel hierfür ist der Zunderschwamm (S. 64) mit mehrjährigen Fruchtkörpern. Er kann sein Dasein als Parasit auf Rotbuche oder Birke beginnen und noch viele Jahre, nachdem der Baum abgestorben ist, auf ihm weiterwachsen. Als Weißfäule-Zersetzer verwandelt er das Holz langsam in Humus. Interessant ist auch zu beobachten, dass sich ein bei uns als gefürchteter Baumschädling betrachteter Pilz wie der Hallimasch, in den Naturwäldern Skandinaviens problemlos in das Ökosystem einfügt. Dort ist er nahezu ausschließlich an alten und geschwächten Bäumen zu finden. Vielleicht ist das Überhandnehmen dieser Arten ja vielmehr als „Indikator" für eine mangelhafte Forstwirtschaft zu sehen?

So werden auf weiten Flächen Deutschlands Nadelbäume wie Tannen, Wald-Kiefern und Fichten angepflanzt, wo sie von selber nie Fuß fassen könnten. Kein Wunder also, wenn sie eine leichte Beute für Pilze sind, die sie wohl eher als „sowieso dem Tode geweiht" betrachten, denn als gesunden Baum, an dem sie sich „die Zähne ausbeißen" würden.

Ohne Merkmale geht es nicht

In Mitteleuropa gibt es über 10.000 Großpilze. Davon sind etwa 100 Arten essbar und 150 giftig, und von diesen wiederum etwa 10 tödlich! Der Rest ist zu bitter, zu hart oder einfach zu klein für den Verzehr, sie werden allesamt als ungenießbar bezeichnet. Wie kann man nun am einfachsten die essbaren von den übrigen unterscheiden?

Grundsätzlich ist erst einmal wichtig zu verstehen, dass es keine allgemein gültigen Aussagen wie mitgekochte, anlaufende Löffel, Zwiebeln oder Ähnliches gibt. Für den Einsteiger gibt es jedoch eine einfache Regel: Unter den Röhrenpilzen (also denen mit einem Schwamm auf der Hutunterseite) gibt es keine tödlich giftigen Arten. Das Artenspektrum ist hier außerdem viel kleiner und übersichtlicher, so dass du mit ihnen gut beginnen kannst.

Das Bestimmen von Lamellenpilzen ist eine ganz andere Sache. Während beim Bestimmen von Röhrenpilzen oft das Vergleichen von Bildern zum Erkennen ausreicht, so kann diese sorglose Herangehensweise bei Lamellenpilzen tödlich enden! Hier ist es wichtig, die Merkmale genau anzuschauen, zu vergleichen, und ohne Sporenabdruck kommst du meist nicht weit (S. 12). Grundsätzlich werden nach der Fruchtschicht – das ist der Ort, an dem die Sporen gebildet werden – verschiedene Typen unterschieden. Während sich bei den Bauchpilzen die Sporen (zumindest jung) im Innern des Fruchtkörpers befinden, werden sie bei den anderen Formen auf der Außenseite gebildet. Ihre Oberfläche ist für eine möglichst große Sporenproduktion durch korallen-, band-, schwamm- oder lamellenartige Struktur stark vergrößert.

Die meisten Pilze sind in Hut und Stiel gegliedert. Hier sind also wiederum feinere Merkmale notwendig, um diese Vielzahl von Arten zu unterscheiden. Beachte auch, dass die Größenangaben immer nur ein Richtwert sein können, denn je nach Standort und Klima variiert die Größe der einzelnen Arten sehr!

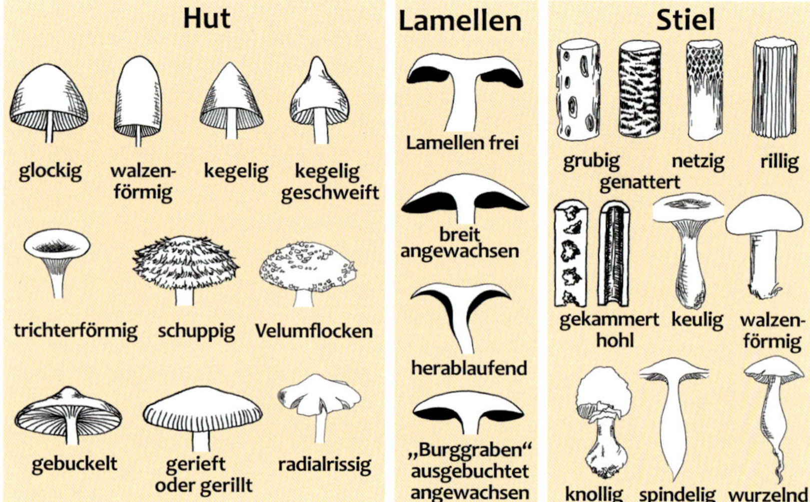

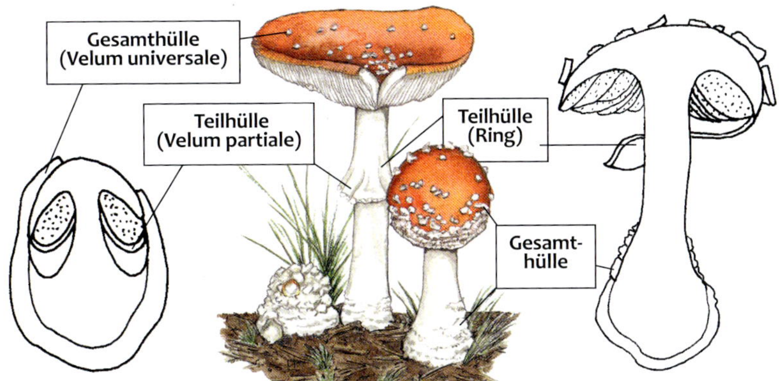

Die Gestalt des Pilzes ist sehr wichtig für die Bestimmung. Die Mehrzahl der Pilze ist in Hut und Stiel gegliedert. Hier sind also wiederum feinere Merkmale notwendig, um die Vielzahl von Arten zu unterscheiden. In der Übersicht kannst du erkennen, welche Elemente es an einem Pilzfruchtkörper gibt und wie sie benannt werden. Allerdings gibt es zwischen diesen Formen alle Übergänge, und du solltest auch beachten, dass sich die Form des Pilzhutes je nach Alter und Entwicklung stark verändern kann. Bei hygrophanen Hüten verändert sich die Farbe außerdem je nach Feuchtigkeitsgehalt. Der Hut (bzw. der feuchte Teil) ist feucht deutlich dunkler gefärbt als trocken. Solche Hüte erscheinen oft zweifarbig. Neben diesen vorgestellten Eigenschaften sind auch der Geruch, die Konsistenz, Farbveränderungen des Fleisches, die Begleitbäume und der Standort sowie die Art und Weise, wie der Pilz wächst, von Bedeutung.

Beim Bestimmen des Pilzes prüfst du dann, welche davon vorhanden sind oder fehlen. Neben der Sporenpulverfarbe sind diese Merkmale vor allem für die Bestimmung von Lamellenpilzen wichtig, ihre Bezeichnung ist bei Röhren- und Lamellenpilzen identisch. Die Gesamthülle (Velum universale) umschließt den gesamten jungen Fruchtkörper. Sie zerreißt nach dem Aufschirmen des Hutes und bleibt als Flocken auf diesem zurück (rechts) oder ist so stabil, dass sie nur als „Socken" an der Basis des Stieles zu finden ist (links), wie beim Grünen Knollenblätterpilz (S. 136).

Der Geschmack verrät vieles – aber keine Giftpilze!

Der Geschmack eines Pilzes ist ein gutes Erkennungsmerkmal und nicht nur für die kulinarische Verwertung von Bedeutung. Allerdings muss vor jeder Geschmacksprobe unbedingt sicher sein, dass jede Verwechslung mit einem Giftpilz ausgeschlossen ist, denn die tödlich giftigen Arten schmecken weder scharf noch bitter und sind durch ihren Geschmack nicht von essbaren Arten zu unterscheiden! Die Geschmacksprobe dient u.a. dazu, essbare von ungenießbaren Arten zu unterscheiden, z.B. Steinpilze (S. 56) von Gallenröhrlingen (S. 110). Ganz wichtig ist sie auch für die Bestimmung und Verwendung von Täublingen und Milchlingen.

Für die Geschmacksprobe nimmst du ein kleines Stück aus dem Hutfleisch und kaust vorsichtig darauf, um zu sehen, ob sich ein scharfer oder bitterer Geschmack entwickelt. Grundsätzlich wird das probierte Stückchen danach wieder ausgespuckt.

6 Regeln für Einsteiger

1. Es gibt keine Pilze, die kontaktgiftig sind, d.h. du darfst alle Pilze anfassen – du musst nur aufpassen, dass keine unbekannten Pilze oder Teile davon gegessen werden. Nur 100 % sicher erkannte Speisepilze dürfen gegessen werden!
2. Als Einsteiger nie Pilze mit Lamellen auf der Hut-Unterseite essen! Sie können tödlich sein, wie z.B. Grüne Knollenblätterpilze. Tückisch: Die tödlich giftigen Arten schmecken weder scharf noch bitter.
3. Nur Röhrenpilze sammeln. Sie sind im schlimmsten Fall ungenießbar oder führen zu einer heftigen Magen-Darm-Verstimmung, sind aber in keinem Fall tödlich. Röhrenpilze – auch Schwammpilze genannt – haben auf der Hut-Unterseite eine schwammartige Struktur mit feinen Röhren.
4. Schneide den Pilz kurz über dem Boden ab oder drehe ihn vorsichtig aus dem Erdreich, um das „Wurzelgeflecht“ (Pilzmyzel) nicht zu verletzen.
5. Als Ausrüstung brauchst du nur einen Korb und ein Messer. Plastiktüten sind tabu: In ihnen werden die Pilze leicht zerdrückt und besonders bei warmem Wetter fördern sie durch den Luftabschluss die Zersetzung. Pilze verderben wie Fisch oder Fleisch. Kühl lagern und nur frisch verwerten!

   Die meisten Vergiftungen werden durch den Verzehr zu alter Pilze von an sich essbaren Arten verursacht. Das Pilzfleisch muss sich fest anfühlen und frisch sein. Pilze – außer Zucht-Champignons – niemals roh essen! Pilzkunde (Mykologie) ist wie das Erlernen einer Sprache: Übung macht den Meister. Genieße das Naturerlebnis und überfordere dich nicht.
6. Grundsätzlich gibt es keine allgemein gültigen Aussagen, wann Pilze giftig sind. Mitgegarte Löffel oder Zwiebeln, die anlaufen, oder Ähnliches geben keine Hinweise auf die Giftigkeit. Auch die Fraßspuren der Tiere helfen nicht weiter.

Schnecken vertragen Giftpilze völlig unbeschadet

Sammelzeit

Grundsätzlich kannst du das ganze Jahr über Pilze sammeln. Jede Jahreszeit hat ihren speziellen Anspruch, und es gibt keinen Monat, indem du nicht erfolgreich auf Pilzpirsch gehen könntest. Im Frühjahr beginnt die Pilzsaison mit Speise-Morcheln und Mai-Ritterlingen.

Die eigentliche Pilzsaison beginnt in der Regel nach der ersten Sommertrockenheit. Ab Juni wachsen auf Wiesen Riesen-Boviste und Wiesen-Champignons. Im Wald gibt es nun die ersten Pfifferlinge, Maronen, Birken- und Sommer-Steinpilze. Allerdings auch die ungenießbaren Gallenröhrlinge, sie erscheinen oft noch vor den Echten Steinpilzen.

Die Zeit der Mai-Ritterlinge fällt mit der Apfelblüte zusammen.

Dann kommt der Herbst mit seiner Fülle und Vielfalt an Pilzen. Egal ob in der Wiese, am Wegrand oder im Wald, es wird kaum einen Ort geben, an dem sie sich nicht zeigen. Zu Beginn des Herbstes sind vor allem die Röhrlinge stärker vertreten, und es ist eine besonders gute Zeit, um sich erst einmal mit den etwas ungefährlicheren Arten an die Pilzbestimmung heranzuwagen. Im späteren Herbst, wenn die Röhrlinge und Täublinge verschwinden, kommen viele sehr gute Speisepilze mit Lamellen, die oft mit großen Hexenringen den Waldboden verzaubern, wie die Violetten Rötelritterlinge.

Das Artenspektrum nimmt mit den ersten Nachtfrösten wieder ab. Es gibt aber auch einige Arten, die genau auf diesen Zeitpunkt gewartet haben und die die ersten Fröste brauchen, um Fruchtkörper zu bilden. Dazu gehören auch gute Speisepilze wie die Frost-Schnecklinge und die auf Holz wachsenden Austern-Seitlinge und Samtfußrüblinge. Sie wachsen nur an den frostfreien Tagen, doch sind sie in der Lage, den Frost schadlos zu überstehen.

Art *(alles Speisepilze)* **Monat**	I	II	III	IV	V	VI	VII	VIII	IX	X	XI	XII
Graublättriger Schwefelkopf												
Speise-Morchel												
Stockschwämmchen												
Schopf-Tintling												
Mai-Ritterling												
Schwefel-Porling												
Pfifferling												
Steinpilz												
Wiesen-Champignon												
Parasolpilz												
Brätling												
Marone												
Violetter Rötelritterling												
Frost-Schneckling												
Austern-Seitling												
Samtfußrübling												

Wie wird gesammelt?

Bereits das Entdecken und Sammeln von Pilzen in der Natur ist ein Erlebnis für alle Sinne und die Zubereitung einer appetitlichen Pilzpfanne beginnt bereits im Wald. Die Freude an den Pilzen bleibt größer, wenn hier bereits gut vorsortiert und gereinigt wird. Das Sortieren und Putzen macht im Wald viel mehr Spaß als daheim und der Arbeitsaufwand in der Küche ist damit so gering wie möglich.

Eine Bürste leistet gute Dienste beim Putzen.

Bekannte Pilze am besten abschneiden.

Zum Sammeln eignen sich Körbe am besten.

Alte und madige Pilze bleiben im Wald. Manchmal sind leider auch Pilze, die sich kräftig und frisch anfühlen, schon von Maden befallen. Hier hilft ein Schnitt durch Hut und Stiel, um zu erkennen, ob die Pilze noch zu verwenden sind. Ein geeigneter Speisepilz fühlt sich frisch und knackig an und hat keine bereits verfärbten oder schimmeligen Stellen. Verunreinigungen wie Erdreste, Nadeln und Moos gehören auch nicht mit in den Korb, sie können mit der Bürste eines Pilzmessers o.Ä. abgebürstet werden. Aus den Lamellen entfernt man sie, indem mit dem Messerstiel auf die Hutoberfläche geklopft wird.

Der Pilz wird so schonend wie möglich aus dem Erdreich entfernt. Bekannte Pilze, die für die Zubereitung gedacht sind, werden kurz über dem Boden mit einem Messer abgeschnitten oder aus diesem herausgedreht.

Unbekannte Pilze für die Bestimmung werden vorsichtig aus dem Boden gedreht. Manchmal ist es auch ratsam, zusätzlich mit dem Messer unter die Stielbasis zu fassen, damit der Pilz vollständig mit allen Merkmalen aus dem Boden entnommen werden kann. Pilze sind sehr variabel und für die Bestimmung unbekannter Arten ist es hilfreich, Exemplare in verschiedenen Altersstufen vorliegen zu haben. Wenn möglich, dann nimm jeweils einen jungen, mittleren und alten Pilz mit. Du kannst deine Pilzfunde auch in Pilzberatungsstellen kontrollieren lassen. In die Pfanne gehören nur 100 % sicher erkannte Speisepilze!

Zum Sammeln eignen sich luftdurchlässige Körbe am besten. Plastiktüten sind ungünstig, da hier die Zersetzung durch den Luftabschluss gefördert und das Sammelgut leicht zerdrückt wird. Sinnvoll ist es, unbekannte Arten wegen ihrer eventuellen Giftigkeit von den Speisepilzen getrennt zu sammeln. In einem gemeinsamen Korb können sie beispielsweise durch Schachteln, Papiertüten, Alufolie o.Ä. getrennt aufbewahrt werden. In die einzelnen Behälter kann dann gleichzeitig ein Zettel mit Notizen zu den leicht vergänglichen Merkmalen und dem Standort gelegt werden.

Wo Pilze sammeln?

Wer wünscht sich nicht ein intuitives Gefühl, wo in einer unbekannten Gegend Pilze zu finden sind? Ganz so leicht ist dies natürlich nicht zu sagen, denn selbst wenn der Lebensraum stimmt, spielen die Wetterbedingungen eine große Rolle. Und vermutlich geben die Pilze ihre letzten Geheimnisse, warum sie hier und nicht dort wachsen, niemals preis – und gerade das macht ja auch einen Teil ihrer Magie aus.

Trotz dieser Unberechenbarkeit gibt es ein paar Kriterien, die den einen Wald zu einem guten Pilzrevier machen und den anderen nicht. Dieses Gespür entwickelt sich mit der Zeit. Vielleicht ist es dir auch schon aufgefallen, dass in einem Fichten-Bestand die Steinpilze häufig in der Nähe von Fliegenpilzen zu finden sind? Tatsächlich haben diese beiden Arten sehr ähnliche Standortansprüche. Wachsen Fliegenpilze jedoch bei Birken, wirst du dort lange vergeblich nach Steinpilzen Ausschau halten. Mehl-Räslinge (S. 97) sind übrigens ebenso gute Steinpilz-Zeiger, die ihnen zudem geschmacklich ebenbürtig sind.

Die Krause Glucke wirst du nur finden, wenn du an den richtigen Stellen nach ihr suchst. Sie wächst meist auf der nach Osten zugewandten Seite an der Stammbasis älterer Wald-Kiefern in Mischbeständen. Sie bevorzugt diese Seite, da sie dort bei Westwind geschützter gedeihen kann. So kann sie dir auch gleichzeitig als Kompass dienen – genauso wie die meist stärker bemooste Westseite der Baumstämme, da hier der Regen auftrifft und die Stämme feuchter hält als auf der wetterabgewandten Seite.

Das Ausgangsgestein, der sich daraus entwickelnde Boden, die darauf stehenden Pflanzen und die Pilze, alle sind miteinander verwoben. Jeder natürliche Lebensraum zeigt einen typischen Pflanzenbewuchs mit der ebenso typischen Pilzvegetation. Auf verschiedenen Standorten findet man immer wieder eine gleiche oder sich zumindest ähnelnde Zusammensetzung von Pflanzen- und Pilzarten, die als „Pflanzengesellschaft" bezeichnet wird. Da Pflanzen nicht ganz so schnelllebig sind wie Pilze, können sie eher als Zeiger dienen und geben an, welche Pilze jeweils zu erwarten sind.

Kalkliebende Mönchsköpfe suchst du vergeblich auf sauren Böden. Einige Pilzarten verraten dir (ebenso wie Pflanzen) ob der Boden sauer oder kalkhaltig ist.

Naturschutz

Wegen der zunehmenden Beliebtheit ist das Pilzesammeln inzwischen in einigen Regionen reglementiert. In Naturschutzgebieten ist es gänzlich untersagt. Allerdings ist auch unumstritten, dass ein sachgemäßes Sammeln dem Pilz nicht mehr Schaden zufügt, als die Apfelernte dem Apfelbaum. Wenn du die Fruchtkörper so schonend wie möglich aus dem Boden entnimmst, ohne das Myzel zu beeinträchtigen, dann ist durch das Sammeln von Pilzen kein Rückgang der Pilzvorkommen zu befürchten. Im Naturschutz findet bis heute keine Berücksichtigung, wie es dem eigentlichen „Lebewesen Pilz" im Boden geht. Das ist so, als würde man das Sammeln der Äpfel verbieten, aber nicht das Fällen der Bäume. Pilze gehören in jeden Lebensraum und sind selbst im Acker zu Hause, solange ihn der Mensch dort nicht vergrault. 95 % aller unserer Pflanzen leben in Symbiose mit Pilzen, vom Mais und Getreide bis zu Obst und Gemüse. Pilze reagieren mit ihrem feinen Myzel im Boden sehr empfindlich auf äußere Einflüsse und Umweltfaktoren wie z.B. Bodenverdichtung, hohe Stickstoff-Einträge und Versauerung. So ist der Naturschutz für die Pilze vor allem auch ein wirtschaftliches und politisches Thema, bei dem wir alle durch unser Konsumverhalten mitgestalten können. Unsere Hoffnung ist, dass einmal genug Pilzfreunde für ihren Erhalt eintreten und Einfluss darauf nehmen, wie unsere Äcker, Wiesen und Wälder bewirtschaftet und gepflegt werden.

Laut Bundesartenschutzverordnung vom Jan. 2004 (BGBl.I S. 1677) sind folgende Speisepilze geschützt:

Deutscher Name	***Wissenschaftlicher Name***
*Brätling**	*Lactarius/Lactifluus volemus**
Erlengrübling	*Gyrodon lividus*
Kaiserling	*Amanita caesarea*
Morcheln, alle Arten	*Morchella, alle Arten*
Pfifferlinge und alle anderen Leistlinge*	*Cantharellus, alle Arten**
Porling, Ziegenfuß-	*Scutiger pescaprae*
Porling, Kamm-	*Scutiger cristatus*
Porling, Schaf-	*Scutiger ovinus*
Porling, Semmel-	*Scutiger confluens*
Raustielröhrlinge, alle Arten*	*Leccinum, alle Arten**
Röhrling, Anhängsel-	*Boletus appendiculatus*
Röhrling, Blauender Königs-	*Boletus speciosus*
Röhrling, Echter Königs-	*Boletus regius*
Röhrling, Sommer-	*Boletus fechtneri*
*Schweinsohr**	*Gomphus clavatus**
Saftlinge, alle Arten	*Hygrocybe, alle Arten*
Steinpilz, Echter*	*Boletus edulis**
Steinpilz, Schwarzhütiger	*Boletus aereus*
Trüffeln	*Tuber, alle Arten*

* laut § 2 BArtSchV sammeln für private Zwecke in kleinen Mengen (1 kg/Tag/Person) gestattet.

Für bestimmte Arten wie z.B. Steinpilze und Pfifferlinge gibt es Sammeleinschränkungen. Sie dürfen nur für den Eigenbedarf gesammelt werden, d.h. nur für private Zwecke pro Tag und Person 1 kg.

Unserer Meinung nach ist die zunehmende Zahl der Pilzsammler ein gutes Zeichen für eine wachsende Naturliebe, und wir freuen uns über jeden, der die Bedeutung dieser lange verkannten Bindeglieder im ökologischen Kreislauf wahrnimmt und schätzt.

Jeder Pilz, egal wie giftig er auch für den Menschen sein mag, hat eine wichtige Aufgabe im Kreislauf der Natur, und viele Zusammenhänge sind auch heute noch ungeklärt. Wenn wir unbedacht in den Naturkreislauf eingreifen, besteht immer die Gefahr, aus Unwissenheit etwas zu zerstören, bevor wir es richtig verstanden haben.

Gesunde Nahrung

Pilze sind wertvolle Lebensmittel, die gerade zur „dunklen Jahreszeit“ mit ihrem hohen Vitamin D-Gehalt den Speiseplan gesünder gestalten. Die Aminosäuren der Pilze und die des Gemüses ergänzen sich ebenfalls hervorragend. So bewirkt der Verzehr von Pilzen in Kombination mit Gemüse insgesamt eine bessere Eiweißsynthese im Körper. Viele unserer Speisepilze werden auch als Vitalpilze geschätzt. Allerdings müssen wir Pilze mechanisch zerkleinern, um an die wertvollen Inhaltsstoffe zu gelangen, denn die Zellwände bestehen aus nahezu unverdaulichem Chitin, dem Baustein der Insektenpanzer. Daher ist gutes Kauen sehr wichtig!

Durchschnittlicher Gehalt an Inhaltsstoffen einer normalen Pilzportion von ca. 150 g Frischpilzen und zu wie viel Prozent der tägliche Bedarf eines Erwachsenen (in %) damit gedeckt ist:

		Vitamine	%
135 ml Wasser		0,03 g β-Karotin (Provitamin A)	3-5
15 g Trockenmasse		0,15-0,3 mg Vitamin B_1	12-23*
Hauptnährstoffe	%	0,7-1 mg Vitamin B_2	44-62*
4-6 g Eiweiß	4-6	8-9 mg Niacin	48-55*
7-8 g Kohlenhydrate		35-180 µg Folsäure	22-110*
davon 1,5 g Mannit		3,5 mg Pantothensäure	40*
und 3-8 g Ballaststoffe	10-25*	6-15 mg Vitamin C	8-20
Mineralien	%	3 µg Vitamin D	80*
345-680 mg Kalium	12-23*		
180 mg Phosphor	30*		
2 mg Eisen	15*	. . . und nur ***45 kcal !***	

* diesbezüglich gelten Pilze als besonders wertvoll (nach Lelley 2008).

Pilzen können einen wertvollen Beitrag für die Ernährung der Weltbevölkerung leisten: Gerade in Ländern, wo die Ernährungssituation problematisch ist, und nicht ausreichend landwirtschaftliche Flächen zur Verfügung stehen, bietet die Kultivierung von Pilzen eine Alternative – selbst als Nahrung für das Vieh.

Auch in Bezug auf die Umweltbelastung wie Stickstoffeintrag und Wasserverbrauch bieten Pilze gegenüber Fleisch Vorteile: Um 1 kg frische Champignons zu züchten, braucht man 8 l Wasser, für 1 kg Rindfleisch 15.000 l, inklusive der notwendigen Mengen für die Erzeugung des Futters. Zudem wachsen Pilze auf Pflanzenabfällen und Viehmist, so dass die Abfallstoffe der Pflanzenproduktion sinnvoll verwertet werden. Pilze wandeln diese wieder zu Pflanzendünger um und können somit einen wesentlichen Teil einer gesunden Kreislauflandwirtschaft bilden, mit der sich die Menschheit ernähren könnte. Gleichzeitig wird weniger Fläche für Futtermittelanbau und Tierzucht beansprucht, und die Ernährung ist „nebenbei“ gesünder und ausgewogener. Die Deutsche Gesellschaft für Ernährung (DGE) empfiehlt aus rein gesundheitlichen Aspekten, den Fleischkonsum zu halbieren.

Weiterhin gibt es verschiedene Ansätze, wie Pilze als Fleischersatz eingesetzt werden können. Natürlich kann man die gesammelten oder kultivierten Fruchtkörper direkt statt Fleisch verzehren. Zunehmend kommen Pilze dabei auch verarbeitet in den Focus. So gibt es inzwischen in Supermärkten Produkte wie Würste oder Burger, die sich wie Fleisch verzehren lassen, aber aus Pilzen hergestellt sind.

Und nicht zuletzt beeinflussen Pilze im Boden die Qualität unserer Lebensmittel: Blindverkostungen mit Erdbeeren, die mit verschiedenen Pilzen aufwuchsen, belegen den Einfluss der Pilze auf das Aroma der Früchte, die Attraktivität der Blüten für Hummeln und den Ertrag. Auch Basilikumpflanzen, Fenchel, Koriander und Minze entwickelten unterschiedliche Gehälter an ätherischen Öle, je nachdem mit welchen Pilzpartnern sie verbunden wuchsen. Studien mit Brot von verschiedenen Weizenpflanzen zeigten ähnliche Ergebnisse. Die Qualität des fertigen Brotes wurde durchweg als schmackhafter beurteilt, wenn die Getreidepflanzen mit Mykorrhizapilzen gewachsen sind.

Hände weg von alten ...

Wann ist ein Pilz zu alt für den Verzehr? Das Fleisch der Pilze ist ähnlich zu verwerten wie Fleisch und Fisch. Die Eiweißzersetzung kann an heißen Tagen bereits beim Sammeln im Wald beginnen.

Die häufigste Form der Vergiftung mit Pilzen wird durch den Genuss zu alter Pilze von an sich essbaren Arten verursacht! Daher ist es sehr wichtig, dass kein verdorbenes Pilzfleisch in die Mahlzeit gerät. Dies beginnt beim Sammeln und endet bei einer guten Lagerung und Zubereitung. Im Wald werden nur frische und gesunde Exemplare gesammelt. Wenn du einen umgestoßenen Pilz entdeckst, so ist dies so, als ob ein Angler einen toten Fisch am Ufer findet.

Bei vielen Pilzen wird das Fleisch mit dem Alter weicher. Du kannst mit dem Finger von oben auf den Hut drücken und spürst, wie das Fleisch nachgibt. Solche Pilze können im Wald bleiben. Auch frische und kräftige Pilze sind leider häufig madig. Wenn du sie der Länge nach durchschneidest, dann siehst du dies sofort und kannst diese Pilze ebenfalls im Wald lassen.

Wie bei den abgebildeten Maronen sichtbar, so können auch schon sehr junge und an sich noch kräftige Pilze zersetzte Stellen aufweisen (mit Pfeil gekennzeichnet), die herausgeschnitten werden. Dies erkennst du am bräunlich verfärbten Fleisch. Bei Maronen und anderen Arten mit blau anlaufendem Fleisch ist dies besonders gut sichtbar, da an diesen Stellen diese Farbreaktion ausbleibt. Auch nach dem Frost können sich die Pilze noch fest anfühlen, obwohl das Fleisch schon zersetzt wird, wie bei den Maronen links oben. Achte sorgsam darauf, nur wirklich frische und junge Pilze zu verwenden.

Wenn du Pilze wie Fisch oder Fleisch behandelst, hast du einen guten Richtwert für Aufbewahrung und Zubereitung. Das Eiweiß der Pilze zersetzt sich nämlich ähnlich schnell wie bei Fisch oder Fleisch. So solltest du die Pilze am Tag des Sammelns weiter verarbeiten.

Erfolgt die Zubereitung erst am folgenden Tag, gehören die Pilze auf jeden Fall in den Kühlschrank! Sollen die Pilze noch einen Tag länger aufbewahrt werden, so müssen sie vorgegart (angeschmort oder abgekocht) werden und kommen auf jeden Fall wieder in die Kühlung. Für eine längere Lagerung empfiehlt sich das Einfrieren oder Trocknen.

...und von rohen Pilzen!

Pilze müssen ausreichend gegart werden. Roh sind außer Zucht-Champignons und Hexeneiern nahezu alle Arten unbekömmlich oder sogar giftig. Zum Beispiel enthalten Hallimasch und Perlpilze roh blutzersetzende Stoffe und werden am besten ca. 5 Minuten abgekocht, bevor sie weiter gegart werden. So sind die roh giftigen Substanzen sicher zerstört. Du kannst sie dann in ein Mischpilzgericht geben und normal weiter zubereiten. Insgesamt solltest du Pilze 15 bis 20 Minuten garen.

Am Lagerfeuer im Freien kann sich die notwendige Garzeit durch die ungleichmäßige Hitze in der Pfanne verlängern. Hier ist es ratsam, die Pilze in kleinere Stücke zu schneiden.

Übrig gebliebene Pilze können kühl gelagert wieder aufgewärmt werden. Als es noch keine Kühlschränke gab, hat man vorsichtshalber darauf verzichtet. Lamellen, Röhren und Huthaut können mitgegessen werden. Bei schleimigen Arten wie Butterpilzen und Gold-Röhrlingen entfernst du besser die Huthaut.

Pilze verlieren beim Waschen wertvolle Geschmacksstoffe und saugen sich mit Wasser voll. Sie werden nur gewaschen, wenn sie stark verschmutzt sind.

Fast alle Pilzarten passen in ein Mischpilzgericht. Mit viel Fett gebraten sind sie lecker, doch werden sie dadurch schwerer verdaulich. Auch sollte die Portion nicht allzu groß sein. Gutes Kauen ist ebenfalls sehr wichtig, da die Zellwände der Pilze aus Chitin (dem Grundbaustoff der Insektenpanzer) aufgebaut sind. Schlecht zerkaut liegen sie schwer im Magen und ihre wertvollen Inhaltsstoffe werden unverwertet ausgeschieden.

Bei jeder neuen Pilzart probierst du am besten erst einmal mit einer kleinen Portion, ob dir der Geschmack dieses Pilzes zusagt. Außerdem kann jede neue Speise zu persönlichen Unverträglichkeiten (Allergien) führen. Mit einer kleinen Probe kannst du dies leicht herausfinden.

Hexeneier sind einige der wenigen Pilzarten, die roh genossen werden können. Wir finden sie allerdings kross gebraten noch besser.

Aufbewahrung

Wenn du Pilze wie Fisch oder Fleisch behandelst, hast du einen guten Richtwert für Aufbewahrung und Zubereitung. Das Eiweiß der Pilze zersetzt sich nämlich ähnlich schnell wie bei Fisch oder Fleisch. So solltest du die Pilze am Tag des Sammelns weiter verarbeiten. Erfolgt die Zubereitung erst am folgenden Tag, gehören die Pilze auf jeden Fall in den Kühlschrank! Sollen die Pilze noch einen Tag länger aufbewahrt werden, so müssen sie vorgegart (angeschmort oder abgekocht) werden und kommen auf jeden Fall wieder in die Kühlung. Für eine längere Lagerung empfiehlt sich das Einfrieren oder Trocknen. Zum Einfrieren einfach das fertige Pilzgericht oder die vorgegarten Pilze nach halber Garzeit in geeignete Behälter abfüllen. Du kannst die Pilze auch einkochen, dabei verlieren sie unserer Meinung nach allerdings sehr an Geschmack. Ebenfalls möglich ist das Einsalzen, Silieren und Einlegen in Essig oder Öl.

Getrocknete Pilze

Zum Trocknen werden die Fruchtkörper in dünne Scheiben geschnitten. Das Trocknen geht bequem mit einem Trockenapparat (Dörrex). Etwas mühsam ist es, die Scheiben auf einen Faden zu ziehen und aufzuhängen. Im Backofen geht es auch bei 40° C. Dies dauert einige Stunden und die Tür bleibt währenddessen leicht geöffnet, damit die Feuchtigkeit abziehen kann. Im Freien sollte der Trockenvorgang in zwei Tagen abgeschlossen sein. Aufbewahren kannst du die Pilze am besten in luftdicht verschließbaren Gläsern. Zu Pulver vermahlen sind sie schmackhafte Würze für Suppen und Soßen, sie können auch an den Braten gegeben werden. Sie können nach ca. 2 Stunden Einweichzeit genau wie frische Pilze zubereitet werden. Ein sehr leckeres Rezept für eine Pilzsoße aus getrockneten Pilzen stammt von unseren Freunden Dirk und Verena aus Schweden.

Du brauchst:

1-2 Tassen Trockenpilze, ½ l Wasser, 1 Zwiebel, 1 Glas Rotwein, Salz, Pfeffer, Thymian, 1 Messerspitze Zimt und Kartoffelstärke

Und so wird die Pilzsoße gemacht:

1. Pilze mit kochendem Wasser übergießen und 15 Minuten stehen lassen (nicht kochen).
2. Zwiebel fein hacken und goldbraun braten.
3. Mit Rotwein ablöschen und Pilze samt Pilzwasser hineingeben.
4. Gewürze nach Geschmack hinzugeben und mit Stärke abbinden.
5. Guten Appetit!

Pilzbutter

Eine Pilzbutter ist mit vielen Pilzarten sehr lecker, sie lässt sich auch gut einfrieren. Sehr gut geeignet sind Maronen, Morcheln, Steinpilze, Echte Reizker, Pfifferlinge oder Champignons. Wenn du keine Waldpilze gefunden hast, kannst du sie auch mit Zucht-Champignons herstellen.

Du brauchst:

Für 250 g Butter
etwa 125 g Pilze,
etwas Salz.

So wird es gemacht:

1. Die sauberen Pilze sehr fein würfeln.
2. In etwas Butter je nach Dicke der Pilzwürfel mit Salz 5-10 Minuten braten.
3. Nach dem Abkühlen die gebratenen Pilze mit der restlichen Butter verrühren.

Pfifferlings-Omelett

Du brauchst:

Pfifferlinge (ca. 300 g), Butter zum Anbraten, 6 Eier, 1 EL Sahne, Salz und etwas Pfeffer

So wird es gemacht:

1. Pfifferlinge putzen und mundgerecht zerkleinern.
2. Pilze in Butter anbraten und etwas salzen.
3. Eier mit Sahne, Salz und Pfeffer verquirlen.
4. Eiermasse zu den Pilzen in die Pfanne geben.
5. Damit das Omelett nicht ansetzt, bei kleiner Hitze garen.
6. Die Eiermasse sollte nicht zu braun gebraten werden, sondern oberseits noch glänzen und gerade gestockt sein.

Du kannst das Omelett mit Käse oder Kräutern überstreuen.

Pilz-Suppe

Wenn es draußen richtig winterlich kalt geworden ist, gibt es immer noch einige Winterpilze zu finden, wie z.B. die Samtfußrüblinge, für eine Suppe sind sie bestens geeignet, du kannst natürlich auch andere Arten verwenden.

Du brauchst:

1 Zwiebel, ca. 30 g Butter, ca. 500 g Samtfußrüblinge, 2 EL Mehl, 1 l Brühe, etwas Zitronensaft, Salz, Pfeffer, 100 g frische Sahne

So wird es gemacht:

1. Zwiebel hacken und in Butter ca. 5 Minuten glasig braten.
2. Pilze hinzugeben und braten.
3. Mehl darübersieben und verrühren.
4. Heiße Brühe hinzugeben und 10 Minuten garen.
5. Mit Zitronensaft, Salz und Pfeffer abschmecken und ganz zum Schluss die Sahne unterrühren.

Mischpilzpfanne mit Nudeln

Dieses Pilzgericht eignet sich für nahezu alle Pilzarten. Mit Nudeln mögen wir Pilze besonders gerne, aber natürlich passen dazu auch andere Beilagen oder einfach nur Toast. Auf den Speck kann selbstverständlich auch verzichtet werden, dafür kannst du nach Geschmack auch angeröstete Kürbis- oder Sonnenblumenkerne nehmen. Auch Petersilie, Wein oder weitere Kräuter sowie Knoblauch passen sehr gut in so ein Mischgericht. Zu viele verschiedene Gewürze und Kräuter können den Eigengeschmack der Pilze jedoch überdecken.

Du brauchst:

ca. 500 g Mischpilze, 1 große Zwiebel, 100 g Speck oder Schinken, Butter, 200 ml Sahne oder Crème fraiche, Salz, Pfeffer

So wird es gemacht:

1. Pilze putzen und in mundgerechte Stücke schneiden.
2. Zwiebel und Speck in Würfel schneiden und in Butter anbraten.
3. Pilze hinzugeben und ca. 15 Minuten garen, bis das meiste Wasser aus den Pilzen entwichen ist.
4. Sahne oder Crème fraiche hinzugeben und mit den Gewürzen abschmecken.

Guten Appetit!

Beschwipste Pilze

Dieses ausgefallene Rezept stammt von Bernhard Broschart. Geeignet sind dafür vor allem kleine Pilze wie Violette Lacktrichterlinge, Stockschwämmchen (S. 101), Nelken-Schwindlinge (S. 93), Rauchblättrige Schwefelköpfe (S. 83), Samtfußrüblinge (S. 81) und Trompeten-Pfifferlinge (S. 42). Da sich die Mengen ganz nach den gesammelten Pilzen richten, ist hier Ausprobieren und Fingerspitzengefühl gefragt.

Du brauchst:

Pilze, Chilipulver (vorsichtig ausprobieren, erst mal wenig!), etwas gehackten Pfeffer, Kandiszucker, 1-2 Vanillestangen, 1-2 Anissterne, 1/2 bis 1 Zimtstange, 2-3 Nelken, eine Prise Muskatnuss (nicht zu viel!), etwas Salz, 40%igen Rum

So wird es gemacht:

1. Die Pilze 8-10 Minuten kochen.
2. Pilze abtropfen und mit kaltem, frischem Wasser gut ausspülen.
3. Kandis zerstoßen und in etwas Wasser auflösen, die Gewürze dazugeben, es sollte nun fast widerlich süß-pikant schmecken.
5. Abgekühlte Pilze einrühren und abschmecken. Ist der starke Süßgeschmack wegen der Pilzmenge abhandengekommen, weiteren Zucker und Gewürze hinzugeben.
6. In ein Glas abfüllen, mit Rum auffüllen, bis alle Pilze bedeckt sind, und noch mal abschmecken. Alles zusammen sollte schon halbwegs „rund“ schmecken.
7. An kühlem, dunklen Ort mindestens 3 Monate reifen lassen, ab und zu umrühren.

Die beschwipsten Pilze sind auf Vanille-Eis oder Pudding besonders lecker. Solange sie immer mit hochprozentigem Alkohol abgedeckt sind, sind sie jahrelang haltbar.

Tinktur

Eine Tinktur ist ganz einfach herzustellen – dieses Grundrezept ist für Pilze ebenso geeignet wie für Pflanzen.

Du brauchst:

Pilze, Alkohol (40-45 %ig)

So wird es gemacht:

1. Pilze säubern und zerkleinern.
2. Ein weithalsiges Glas zu 1/3 füllen.
3. Mit Alkohol auffüllen.
4. Ansatz täglich schütteln, nach 2-3 Wochen abfiltern.
5. In eine dunkle Flasche füllen und beschriften.

Riesen-Bovist

Langermannia gigantea

Mit einem Umfang von bis zu einem Meter und einem Gewicht bis zu 25 kg ist er einer der Riesen unter den Pilzen. Allerdings wird er meist nur so groß wie ein Fußball. Er ist nur jung essbar, solange er rein weißes und festes Fleisch hat. Besonders paniert gebraten ist er eine Delikatesse. Wenn du ihn unpaniert essen möchtest, solltest du darauf achten, dass sich das Pilzfleisch beim Braten nicht mit zu viel Fett vollsaugt, da dies schwer im Magen liegen kann. Die gebratenen Pilzstücke können tiefgefroren werden. Der Pilz ist nicht nur lecker, sondern auch gesund und wird in der traditionellen chinesischen Volksmedizin verwendet. Früher wurde das Sporenpulver auch zur Blutstillung und Behandlung schlecht heilender Wunden eingesetzt.

Außen ist der Pilz von einer lederigen, derbhäutigen Außenhülle umgeben. Wenn die Sporen heranreifen, wird er gelb, zäh und ungenießbar. Zur Reifezeit werden die olivbräunlichen Sporen freigesetzt und der gesamte Innenteil zu einer stäubenden Sporenmasse mit unvorstellbar vielen Sporen, bis zu 7 Milliarden, das sind ungefähr so viele, wie Menschen auf der Erde leben! Früher haben die Imker den Riesen-Bovist zum Räuchern verwendet, um gefahrlos an den Bienenstöcken arbeiten zu können.

Doppelgänger

Durch seine Größe ist er gut kenntlich. Junge und sehr kleine Exemplare könntest du am ehesten mit **Stäublingen** (rechts) oder **Kartoffelbovisten** (S. 109) verwechseln.

Wo wächst er?

Auf nährstoffreichen Böden mit hohem Humusgehalt, du kannst ihn von Juni bis Oktober auf Wiesen, in Laubwäldern und Parkanlagen finden.

Fußballgroße, runde Fruchtkörper

Maße in cm

Ø
10 – 50

Flaschen-Stäubling

Lycoperdon perlatum

Wenn die Stäublinge noch ganz fest und reinweiß sind, kannst du sie essen. Auch wenn die Art eines Stäublings nicht unbedingt immer leicht zu bestimmen ist, so sind alle Arten jung essbar, auch wenn sie unterschiedlich gut im Geschmack sind. Früher nannten die Menschen Stäublinge ebenso wie Boviste „des Teufels Schnupftabaksdose". Ihrer Vorstellung nach schien es der Teufel dabei mit der Bestimmung nicht so genau zu nehmen. Kennst du den Unterschied zwischen Stäublingen und Bovisten? Stäublinge haben einen Fußteil, in dem keine Sporenmasse heranreift, daher ist ihre Sporenkugel auf einem Stiel emporgehoben. Ihr wissenschaftlicher Name *Lycoperdon* leitet sich von „*lykos*" (griechisch Wolf) und „*perdon*" (leiser Darmwind) ab und bedeutet so viel wie „Wolfsfurz". Auf der Oberfläche befinden sich Stacheln, die bei einigen nach dem Abfallen ein Netzmuster hinterlassen.

Doppelgänger

Du darfst sie nicht mit giftigen **Kartoffelbovisten** (S. 109) verwechseln. Junge **Knollenblätterpilze** (S. 136) können auch wie kleine weiße Kugeln aussehen, doch merkst du beim Durchschneiden den Unterschied. **Bovisten** fehlt der untere Stielteil. Auf Holz wächst der ähnliche **Birnen-Stäubling** (*Apioperdon pyriforme*). Der **Beutel-** oder **Groß-Stäubling** (*Lycoperdon excipuliforme*) wird bis zu 20 cm groß und 10 cm breit.

Wo wächst er?

Du findest diesen Zersetzer von Juli bis November nahezu in jedem Wald.

Hut ∅
3–7
Stiel
1–3

Maße in cm

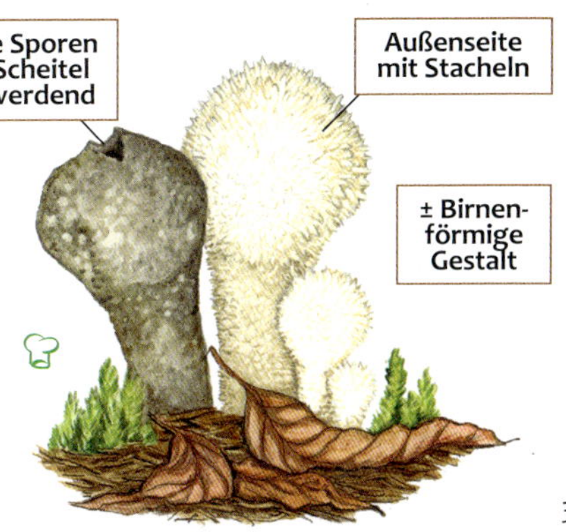

Wetterstern

Astraeus hygrometricus

Wettersterne sind hygroskopisch, d.h. die Lappen der Fruchtkörper öffnen sich, wenn es feucht ist, und sie schließen sich bei Trockenheit. Sie öffnen sich erneut bei feuchtem Wetter. Dies kannst du beobachten, wenn du einen Wetterstern auf die Heizung legst und anschließend wieder befeuchtest. Mit den meisten **Erdsternen** (*Geastrum*) geht dies nicht! Als Speisepilz kommen weder der Wetterstern noch die Erdsterne in Frage.

Die Sterne entwickeln sich aus zwiebelförmigen, geschlossenen Fruchtkörpern. Ihre Außenschicht biegt sich zur Reifezeit um und hebt die Kugel im Innern mit der Sporenmasse darin über den Erdboden empor. Ebenso wie die Stäublinge und Boviste öffnet sich diese Kugel am Scheitel und gibt dann die Sporen frei. Ihren Gattungsnamen verdanken sie ihrer sternförmigen Gestalt („*aster* = Stern“).

Doppelgänger

In Mitteleuropa gibt es neben dem Wetterstern noch knapp 20 Arten von **Erdsternen**. Den **Halskrausen-Erdstern** (*Geastrum triplex*) kannst du an seiner „Halskrause“ erkennen – einem Teil der Außenschicht, der sich beim Aufbrechen nicht mit umbiegt. Einige andere Arten haben einen Stiel unter der Sporenkugel, diese gibt es beim Wetterstern nicht. Den Wetterstern kannst du auch an der felderig aufreißenden Oberfläche erkennen.

Wo wächst er?

Er wächst in Lebensgemeinschaft mit verschiedenen Bäumen in wärmebegünstigten, trockenen und sandigen Laub- und Nadelwäldern.

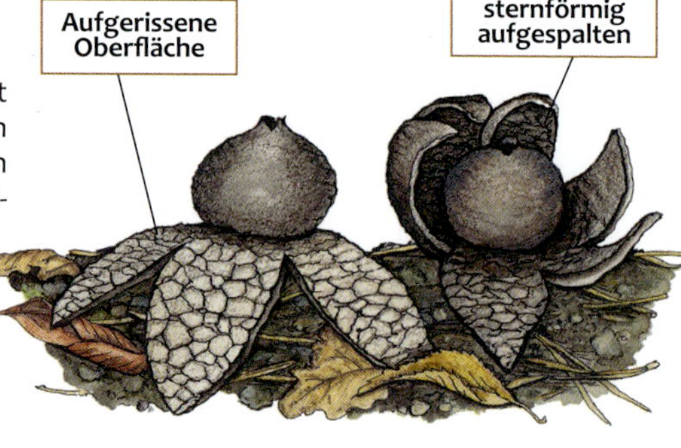

Stinkmorchel und Hexenei *Phallus impudicus*

Die Jungform ist ein Hexenei, ungefähr so groß wie Hühnereier – wie Zucht-Champignons eine der wenigen Arten, die in kleinen Mengen auch roh verzehrt werden können. Hexeneier sind nur im geschlossenen Zustand essbar. Es schmeckt nach Rettich und ist in dünne Scheiben geschnitten mit Salz und Pfeffer kross ausgebraten lecker. Im Längsschnitt sind bereits die Anlagen für den Mittelteil, den späteren Stiel und Hut sowie die darauf befindliche, dunklere Sporenmasse zu erkennen. Außen ist das Ei von einer Gallertschicht umschlossen, die den Fruchtkörper vor Austrocknung schützt. Der aasartige Geruch entwickelt sich erst, wenn sich das Hexenei öffnet und sich der Fruchtkörper streckt. Dadurch werden Insekten angelockt, die die Sporen verbreiten. Abgefressen ist die Spitze der Stinkmorchel weiß.

Doppelgänger

Äußerlich ähnliche **Stäublinge** (S. 31), junge **Knollenblätterpilze** (S. 136) und andere Arten mit Hexeneiern kannst du vom Hexenei der Stinkmorchel unterscheiden, indem du es durchschneidest – so sieht nur das Hexenei der Stinkmorchel aus.

Wo wächst sie?

Sie hat keine besonderen Bodenansprüche und wächst von Mai bis November als Zersetzer in den meisten Laub- und Nadelwäldern.

Hut ∅
3 – 4
Stiel
bis 20

Maße in cm

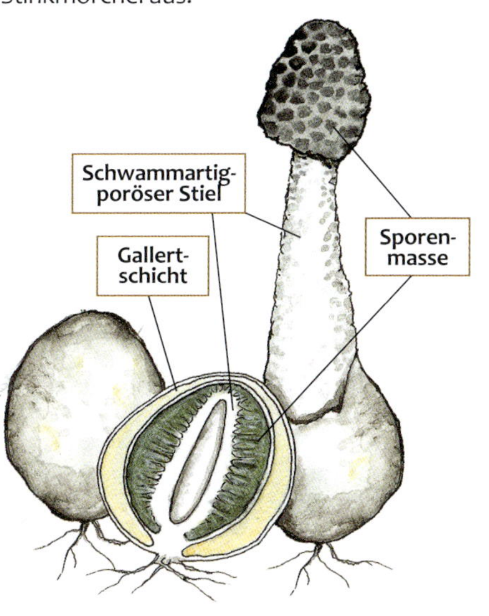

Spitz-Morchel

Morchella conica

Morcheln sind begehrteste Speise- und Trockenpilze mit angenehmem Geruch und köstlich aromatischen Geschmack. Allerdings sind sie roh giftig und müssen vor dem Verzehr abgekocht werden. Außerdem solltest du gut darauf achten, keine zu alten Pilze zu sammeln. Diese sind wegen des elastisch-brüchigen Fleisches nicht immer sofort zu erkennen.

Die Form und Farbe des wabenartigen Hutes ist sehr variabel, bei dieser Art ist er nach oben hin zugespitzt. Das Wabenmuster ist regelmäßig aus längs verlaufenden Hutleisten mit vielen Querverbindungen aufgebaut. Der meist schwarzbraune Hut ist fest mit dem Stiel verwachsen. Der hohle Stiel ist weiß bis cremefarben und oft runzelig, aber nicht längsrillig. Das Fleisch ist brüchig und der Geruch jung angenehm, später etwas dumpf.

Doppelgänger

Wenn du auf das mehr oder weniger gleichmäßig aufgebaute Wabenmuster der Hüte achtest, kannst du sie kaum mit **Gift-Lorcheln** (S. 108) oder anderen Giftpilzen verwechseln – innerhalb dieser Gattung sind alle Arten essbar.

Hut ∅
4 – 7
Stiel
5 x 2

Maße in cm

Wo wächst sie?

Von April bis Mai in Au- und Mischwäldern und unter Gebüsch – auch an ungewöhnlichen Stellen wie Rindenmulch, ungedüngte Wiesen und Schuttplätze. Sie sind standorttreu, jedoch relativ empfindlich gegen Standortveränderungen wie Nährstoffeintrag, Beschattung und Feuchtigkeit.

Speise-Morchel

Morchella esculenta

Morcheln liefern schon im Frühjahr schmackhafte Pilzgerichte und sind mit die begehrtesten Speise- und Trockenpilze. Sie werden seit alters her geschätzt und in der römischen Antike als „*Spongia*" verehrt. Sie haben einen angenehmen Geruch und einen köstlich aromatischen Geschmack. Allerdings sind sie roh giftig und müssen vor dem Verzehr abgekocht werden. Außerdem solltest du gut darauf achten, keine zu alten Pilze zu sammeln. Diese sind wegen des elastisch-brüchigen Fleisches nicht immer sofort zu erkennen. Ihre Form und Farbe des wabenartigen Hutes ist sehr variabel. Der ocker- bis schwarzbraune Hut ist fest mit dem Stiel verwachsen. Der hohle Stiel ist weiß bis cremefarben. Eine Morchel wird bis 20 cm groß und kann bis zu 500 g wiegen.

Doppelgänger

Wenn du auf das mehr oder weniger gleichmäßig aufgebaute Wabenmuster der Hüte achtest, kannst du sie kaum mit **Gift-Lorcheln** (S. 108) oder anderen Giftpilzen verwechseln – innerhalb dieser Gattung sind alle Arten essbar.

Hut ∅
4–6
Stiel
5 x 2

Maße in cm

Wabenartige Hutoberfläche

Innen hohl

Wo wächst sie?

Von April bis Mai in Auwäldern, meist unter Eschen. Morcheln wachsen aber auch an ungewöhnlichen Stellen wie auf Rindenmulch, ungedüngten Wiesen und Schuttplätzen. Sie sind standorttreu, jedoch relativ empfindlich gegen Standortveränderungen bezüglich Nährstoffeintrag, Beschattung und Feuchtigkeit.

Sommer-Trüffel

Tuber aestivalis

Die Menschen schätzen die Speisetrüffeln schon sehr lange, bei den alten Römern waren sie kostbarer als Gold. In Südeuropa sind die Trüffeln bereits seit dem Mittelalter begehrt. Im Norden sind sie nahezu in Vergessenheit geraten, obwohl Deutschland noch gegen Ende des 19. Jahrhunderts ein Trüffelexportland war.

Wildschweine erschnüffeln mit ihren feinen Nasen die im Boden verborgenen Fruchtkörper, fressen diese, scheiden die Sporen unverdaut wieder aus und verbreiten so die Pilze. Auch einige Insekten und Käferarten verspeisen und verbreiten die Trüffeln.

Doppelgänger

Umgangssprachlich werden alle unterirdisch wachsenden Pilzfruchtkörper als Trüffeln bezeichnet. **Echte Trüffeln** gehören jedoch zu der Gattung Trüffel (*Tuber*), während die falschen Trüffeln anderen Gattungen angehören wie z.B. die ungenießbaren **Hirschtrüffeln** (*Elaphomyces*), von denen es in Europa knapp 20 Arten gibt. Beide Gattungen gehören zu den Schlauchpilzen. Unter den Echten Trüffeln sind keine giftigen bekannt, aber auch dort gibt es mehr und weniger zum Verzehr geeignete Arten. Die **Piemont-** (*Tuber magnatum*) und **Perigord-Trüffeln** (*Tuber melanosporum*) sind die begehrtesten von ihnen und gehören zu den teuersten Nahrungsmitteln der Welt. Sie gedeihen in wärmebegünstigten Klimalagen.

Wo wächst sie?

Sie wächst immer in Partnerschaft mit Laubbäumen (Mykorrhiza) und benötigt einen kalkreichen, nicht allzu nährstoffreichen und gut entwässerten Boden. Meist gedeiht sie in Hanglagen oder auf Hügelkämmen.

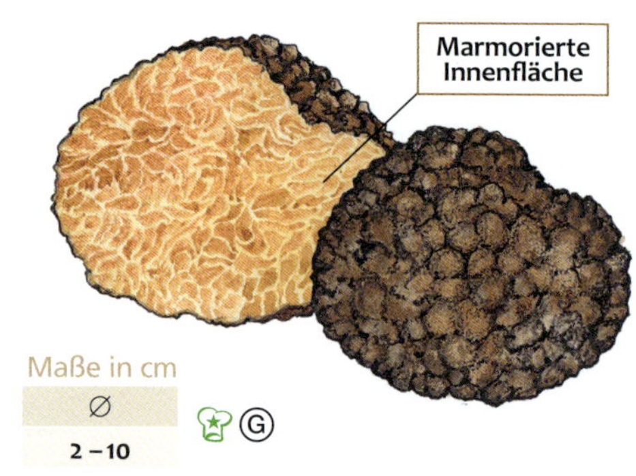

Maße in cm

∅
2 – 10

(G)

Orange-Becherling

Aleuria aurantia

Der Orange-Becherling ist eine der wenigen essbaren Becherlinge. Die Fruchtkörper sind orangegelb und 2-10 cm breit. Die Innenseite ist glatt und glänzend und die Außenseite blasser und erscheint oft „mehlig".

Sie gehören zu den Schlauchpilzen. Die meisten Becherlinge wachsen auf dem Erdboden, es gibt aber auch einige auf Holz und auch auf Brandstellen. Wenn auch einige Arten als essbar bezeichnet werden, so enthält diese Gruppe doch keine bedeutenden Speisepilze.

Doppelgänger

Es gibt weitere Becherlinge, von denen sich die meisten ohne mikroskopische Merkmale nicht sicher bestimmen lassen. Der **Zinnoberrote Kelchbecherling** (*Sarcoscypha coccinea*) sieht ihm ähnlich, ist allerdings kräftiger rot gefärbt und bildet im Winter bis Spätwinter Fruchtkörper auf totem Holz. Der **Menningrote Kurzhaarborstling** (*Melastiza chateri*) hat einen braunen Rand. Schildborstlinge (Gattung *Scutellinia*) sind viel kleiner und am Rand behaart.

Maße in cm
∅
2 – 10

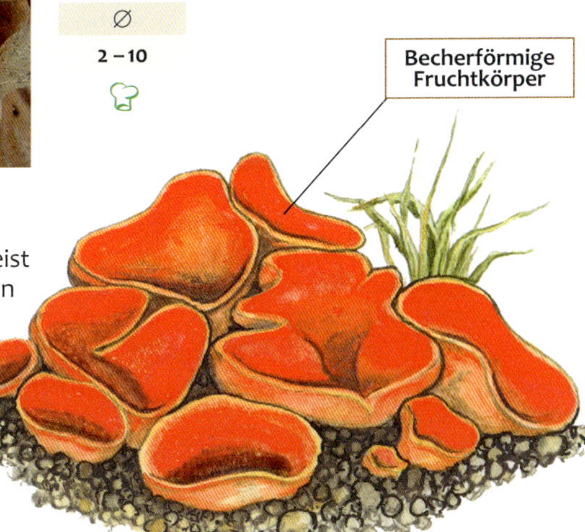

Wo wächst er?

Dieser Zersetzer wächst meist auf lehmigen und offenen Bodenstellen.

Habichtspilz

Sarcodon imbricatus

Sein Hut erinnert mit den bräunlichen, abstehenden Schuppen tatsächlich an ein Vogelgefieder. Auch der wissenschaftliche Name bezieht sich auf seine Gestalt. Wörtlich übersetzt bedeutet er so viel wie „mit Ziegeln bedeckter Fleischzahn" (griechisch *sarx* = Fleisch, *sarcodon* = Zahn; lateinisch *imbricatus* = dachziegelig). Er hat einen angenehmen Geruch und kann jung und gut gegart gegessen oder getrocknet und zu Würzpulver gemahlen werden. Mit zunehmendem Alter werden die Pilze bitter, dann kannst du sie zum Färben von graugrünen bis olivfarbenen Tönen verwenden.

Doppelgänger

Zum Färben lohnt es sich, nach dem **Schuppigen Habichtspilz** (*Sarcodon squamosus*) Ausschau zu halten. Er ist wie alle anderen Arten aus dieser Gattung in Mitteleuropa selten, doch in Skandinavien kannst du ihn auf sandigen Böden bei Kiefern noch in größeren Mengen finden. Er ist etwas dunkler gefärbt und hat eine grünlich-schwärzliche Stielbasis. In Mitteleuropa gibt es noch ein paar weitere, seltene Arten aus dieser Gattung, die für den Speisepilzsammler jedoch uninteressant sind, da sie bis auf den Schuppigen Habichtspilz (er schmeckt kaum bitter) allesamt bitter schmecken. Giftige Habichtspilze sind nicht bekannt.

Wo wächst er?

Du findest ihn von August bis November meist in Lebensgemeinschaft mit Fichten auf eher feuchten und sauren Böden.

Hut ∅
5 – 20
Stiel
8 x 3

Maße in cm

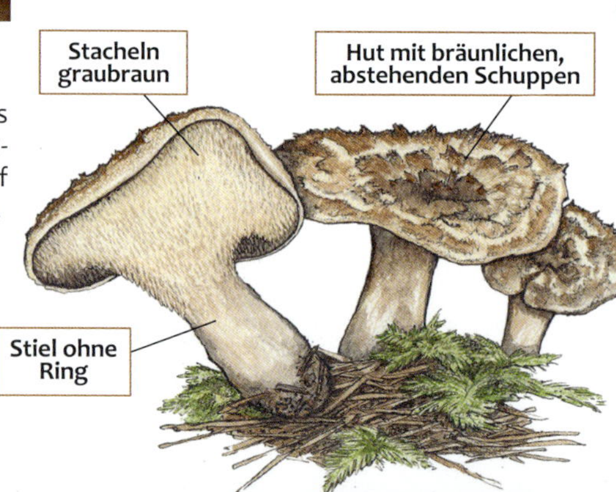

Semmel-Stoppelpilz

Hydnum repandum

Er ist ein idealer Pilz für Einsteiger, denn er bietet kaum Verwechslungsmöglichkeiten, und sein Name verrät seine Merkmale. Er wird auch Semmelgelber Stacheling genannt und hat eine Farbe wie ein Brötchen (Semmel) und auf der Hutunterseite Stacheln („Stoppeln").

Er ist ein leckerer Speisepilz mit festem Fleisch und mildem Geschmack, der jedes Mischpilzgericht bereichert. Zu Pfifferlingen passt er besonders gut. Häufig ist er auch zusammen mit ihnen zu finden. Ältere Pilze können bitter werden. Die Länge der Stacheln liefert dir einen Hinweis, wie alt der Pilz ist, da sie im Alter länger werden. Er ist nur selten von Maden zerfressen. Sein Fleisch bricht vergleichbar einem Apfel ohne bevorzugte Richtung. Der cremeweiße bis semmelfarbene Hut ist meist unregelmäßig verbogen und fest mit dem kompakten Stiel verbunden.

Doppelgänger

Je nach Baumpartner und Standort gibt es hellere und dunklere Formen, die teilweise als Varietäten oder Arten aufgefasst werden und ebenso essbar sind. Andere Pilze mit Stacheln auf der Hutunterseite sehen ganz anders aus (links). **Pfifferlinge** (S. 41) können von oben betrachtet ebenfalls ähnlich aussehen, doch wenn du den Pilz umdrehst, ist jede Verwechslung ausgeschlossen.

Wo wächst er?

Von Juni bis Oktober in Laub- und Nadelwäldern, meist geht er eine Symbiose (Mykorrhiza) mit Buchen oder Fichten ein. In bergigen Regionen ist er häufiger als im Flachland.

Hut ∅
6–12
Stiel
5 x 2

Maße in cm

Krause Glucke

Sparassis crispa

Sie wird auch Fette Henne genannt und sie ist ein ausgezeichneter Speisepilz. Das Fleisch hat einen nussartig milden Geschmack und der Geruch ist angenehm aromatisch. Es passt in Mischpilzpfannen, ist aber auch einzeln in der Pfanne gebraten eine Delikatesse. Wenn du eine mit Erdpartikeln und Nadeln verschmutzte Krause Glucke gefunden hast, lege sie am besten vor dem Putzen kurz in kochendes Wasser, damit das Fleisch biegsam wird und beim Reinigen nicht zerbricht.

Erkennen kannst du sie leicht an ihrer rundlichen, badeschwammartigen Gestalt. An der Basis sind die einzelnen bandartig-krausen Äste strunkartig miteinander verbunden. Die Farbe ist relativ variabel von weißlich-gelb bis zu dunkelorange. Normalerweise ist ein Fruchtkörper zwischen 10 und 40 cm breit, es sind aber auch schon bis zu 10 kg schwere Glucken gefunden worden. Die Krause Glucke enthält medizinisch interessante Inhaltsstoffe, die eine hemmende Wirkung auf das Wachstum von Pilzen und Bakterien haben und die Immunabwehr stärken.

Doppelgänger

Echte Doppelgänger gibt es keine, am ähnlichsten ist die ungenießbare **Breitblättrige Glucke** (*Sparassis brevipes*) mit muffigem Geruch und breiteren Lappen. Andere Korallen, wie die giftige **Bauchweh-Koralle** (S. 106), haben nicht so eine badeschwammartige Struktur.

Wo wächst sie?

Von August bis November meist am Grunde alter Wald-Kiefern auf der wetterabgewandten (östlichen) Seite des Stammes. Besonders häufig ist sie an alten Kiefern, die in Laubwäldern eingestreut sind, seltener auch in reinen Kiefernwäldern oder an Lärche oder Douglasie.

Maße in cm

Hut ∅
10 – 40

Pfifferling

Cantharellus cibarius

Mit seinem aromatischen Geruch und mild pfefferigen Geschmack ist er einer der bekanntesten und attraktivsten Speisepilze. Auch sein Name „*cibaria*“ bedeutet lateinisch „Nahrung“ oder „Speise“ und „Chantherelle“ wird ein kleiner Pokal genannt. In einigen Regionen heißt er „Eierschwamm“, und er schmeckt mit Eierpfannkuchen besonders lecker. Zum Trocknen ist er nicht sehr gut geeignet, er lässt sich jedoch sehr gut einfrieren. Er ist gesund und wird medizinisch verwendet.

Der Hut hat eine stumpfe Oberfläche und ist meist wellig verbogen. Typisch sind die mehrfach gegabelten und weit am vollfleischigen Stiel herablaufenden Leisten sowie der pfefferartige Geruch. Seine Form und Farbe reicht von blass weißlich-gelb bis zu kräftig goldgelb, je nachdem, mit welcher Baumart er eine Lebensgemeinschaft eingeht. Auch ob er im Schatten zwischen Moosen oder in der Sonne gewachsen ist, beeinflusst seine Gestalt. Einige Autoren unterscheiden auch mehrere Varietäten oder Arten, die jedoch alle essbar sind.

Doppelgänger

Verwechseln kannst du ihn vor allem mit **Falschen Pfifferlingen** (S. 116), die in großer Menge Magen-Darm-Probleme hervorrufen.

Wo wächst er?

Pfifferlinge findest du von Juni bis Oktober auf moosreichen Böden in Laub- und Nadelwäldern. Sie gehen mit verschiedenen Laub- und Nadelbäumen eine Symbiose (Mykorrhiza) ein.

Trompeten-Pfifferling

Cantharellus tubaeformis

Er heißt auch Herbstpfifferling und wegen seines hohlen Stieles Durchbohrter Leistling. Der Trompeten-Pfifferling wird auf Märkten angeboten und ist für jede Art der Zubereitung geeignet. Er lässt sich sehr gut trocknen und als Pilzpulver für Pilzsoßen und Suppen verwenden. Allerdings hat er nicht ganz so einen würzigen Geschmack wie der Echte Pfifferling und ist nicht so kompakt wie dieser. Der ganze Pilz ist deutlich in Hut und Stiel gegliedert und relativ dünnfleischig. Die Farbe des Hutes ist recht variabel und reicht von gelbbraun, olivgrau über gelbgrau bis zu ockerbraun. Die Oberseite des Hutes ist dunkler gefärbt als die Leisten auf der Unterseite. Oft sind sie sehr flach, sie können aber auch lamellenartig sein.

Doppelgänger

Verwechseln kannst du ihn mit ebenfalls essbaren **Gelben** (*Cantharellus lutescens*) oder **Grauen Leistlingen** (*Cantharellus cinereus*). Oft wachsen zwischen Trompeten-Pfifferlingen **Gallertkäppchen** (S. 44), die ähnliche Standortansprüche haben wie diese. Sie sind ungiftig, aber keine Speisepilze. Aufpassen musst du mit giftigen **Schleierlingen** wie beispielsweise **Haut- oder Rauköpfen** (S. 124, 133 und 134), die zwischen den Trompeten-Pfifferlingen stehen können. Schau dir also jeden Pilz ganz genau an, der in deinen Korb wandert.

Hut ∅
2 – 6
Stiel
7 x 1

Maße in cm

Ⓖ

Wo wächst er?

Du findest sie von August bis Oktober auf moosigen, meist feuchten und mehr oder weniger sauren Böden in Laub- und Nadelwäldern. Sie wachsen in Lebensgemeinschaft mit verschiedenen Nadelbäumen, selten auch mit Laubbäumen. Im Flachland nördlich der Mittelgebirge sind sie selten.

Herbst-Trompete

Craterellus cornucopioides

Wegen der dunklen Farben wird sie auch Toten-Trompete genannt. Sie ist ein ausgezeichneter Speisepilz und vor allem auch als Würzpilz in Mischgerichten beliebt. Sie eignet sich ausgezeichnet zum Trocknen und kann gemahlen als Würze für Suppen und Soßen verwendet werden. Allerdings sind überalterte Exemplare nicht so leicht wie bei anderen Pilzarten zu erkennen und du solltest sorgfältig darauf achten, nur frische Pilze zu sammeln.

Der wissenschaftliche Name leitet sich von lat. „*crater*" ab und bedeutet „Kleiner Kessel". Damit ist die tütenförmige Form gemeint, allerdings sind die Fruchtkörper recht variabel und haben eine schwarz- bis graubraune Farbe. Die Unterseite ist undeutlich längsadrig bis glatt und der ganze Pilz sehr dünnfleischig. Der Hut geht mehr oder weniger übergangslos in den hohlen Stiel über. Herbst-Trompeten werden in der Heilkunde verwendet.

Doppelgänger

Gefährliche Doppelgänger gibt es nicht. Der essbare **Graue Leistling** (*Cantharellus cinereus*) ist ebenfalls hohl und ähnlich gefärbt, hat aber deutlicher ausgeprägte Leisten. Die essbaren **Trompeten-Pfifferlinge** (links) sind gelblicher und haben ebenfalls deutliche Leisten.

Wo wächst sie?

Von August bis November in Laubwäldern auf Kalk- und Lehmböden. Sie wächst meist in Symbiose mit Buchen und Eichen und ist wegen ihrer dunklen Farbe leicht zu übersehen. Im Flachland ist sie selten.

Hut ∅
2–6
Stiel
8 x 2

Maße in cm

Grüngelbes Gallertkäppchen

Leotia lubrica

Es steht im Verdacht, leicht giftig zu sein. Die 4-7 cm hohen, gelbstieligen Fruchtkörper haben ein grünlich-gelbes Käppchen mit einem 1-2 cm breiten Hut, manchmal sind sie auch nahezu orangefarben. Der Hut wirkt fast durchscheinend und das Fleisch ist geleeartig bis gallertig. Das Sporenpulver ist weiß.

Für Tastspiele ist diese Art gut geeignet. Grüne oder schwarzgrüne Fruchtkörper sind von **Schlauchpilzen** (*Hypocreales*) befallen.

Doppelgänger

Es wächst oft bei **Trompeten-Pfifferlingen** (S. 42) und ist bestimmt auch schon mit diesen in so manch einer Pfanne gelandet. Der ehemalige Leiter der Schwarzwälder Pilzlehrschau, Walter Pätzold, hat in diesem Zusammenhang immer von der „selbstsortierenden Pilzpfanne“ gesprochen, da die Gallertköpfchen durch ihre Konsistenz beim Braten aus der Pfanne springen.

Wo wächst es?

Dieser Zersetzer wächst von August bis November in Laub- und Nadelwäldern an feuchten Waldstellen, meist zwischen Moospolstern.

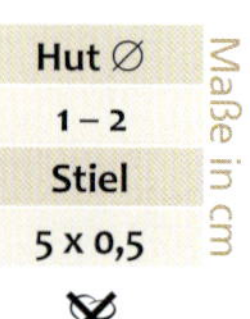

Hut ∅
1 – 2
Stiel
5 x 0,5

Maße in cm

Judasohr

Auricularia auricula-judae

Das Judasohr ist nicht nur ein Speisepilz, sondern auch seit alters her vor allem in der traditionellen chinesischen Medizin ein geschätzter Heilpilz. Als „chinesische Morchel" (Mu-Err) ist er in zahlreichen chinesischen Gerichten zu finden. Es ist auch einer der ersten Kulturpilze und wird seit mindestens 1500 Jahren angebaut. Wenn dir die knorpelige Konsistenz des Fleisches gefällt, ist es ein recht leicht kenntlicher Speisepilz, den du das ganze Jahr über sammeln kannst. Er lässt sich auch sehr gut trocknen. Das gelatinöse, knorpelige Fruchtfleisch schrumpft stark zusammen, quillt jedoch beim Wässern wieder stark auf. Wenn du ihn in Essig, Sojasoße oder Wein quellen lässt, nimmt er den jeweiligen Geschmack an.

Die Form des Judasohres ist sehr variabel und erinnert oft an ein Ohr. Er wird auch Waldohr genannt. Durch das gallertig-knorpelige Fleisch und die außen samtige und innen glänzende, geaderte bis runzelige, manchmal auch glatte Oberfläche ist dieser Pilz jedoch gut gekennzeichnet. Achte beim Sammeln darauf, nicht zu alte Fruchtkörper zu nehmen, die bereits Frost bekommen hatten oder deren Fleisch nicht mehr frisch ist.

Doppelgänger

Ungenießbare **Pappel-Becherrindenschwämme** (*Auriculariopsis ampla*) werden nur 0,5-1,5 cm groß. **Gezonte Ohrlappenpilze** (*Auricularia mesenterica*) sind eher bräunlich und haben eine filzige Oberseite. Ähnlich können auch **Drüslinge** (*Exidia*) und **Schmutzbecherlinge** (*Bulgaria inquinans*) aussehen.

Wo wächst es?

Meist auf alten Holundersträuchern. Im Frühjahr ist der Pilz häufiger, aber du kannst ihn ganzjährig finden. Besonders häufig ist er in feuchten Wäldern, dort gedeiht er auch auf liegenden, toten Laubhölzern.

Maße in cm

Hut ∅
3 – 6

Herkules-Keule

Clavariadelphus pistillaris

Die keulenförmigen Fruchtkörper sind 7–30 cm hoch und 2–6 cm dick und laufen oben rundlich-spitz aus. Die erst glatte und später runzelige Oberfläche ist erst hellgelb (teils mit einem Schimmer violett) und wird im Alter zunehmend rot-bräunlich. Das Fleisch schmeckt bitter.

Die Fruchtschicht befindet sich – wie bei allen Keulenpilzen – auf der Außenseite des Pilzes, dort werden die Sporen abgegeben.

Doppelgänger

Ähnlich aber kleiner sind die bis 12 cm große **Zungen-Keule** (*Clavariadelphus ligula*) und die bis 15 cm große **Abgestutzte Keule** (*Clavariadelphus truncatus*). Letztere hat einen deutlich abgefalchten Fruchtkörper. Bei beiden schmeckt das Fleisch süßlich. Während sich die Außenseite der Abgestutzten Keule mit Kalilauge (KOH) rot färbt, wird sie bei der Herkules-Keule safrangelb und bei der Zungen-Keule bleibt sie unverändert. Die Zungen-Keule gedeiht ausschließlich in Nadelwäldern.

Maße in cm

Stiel
25 x 5

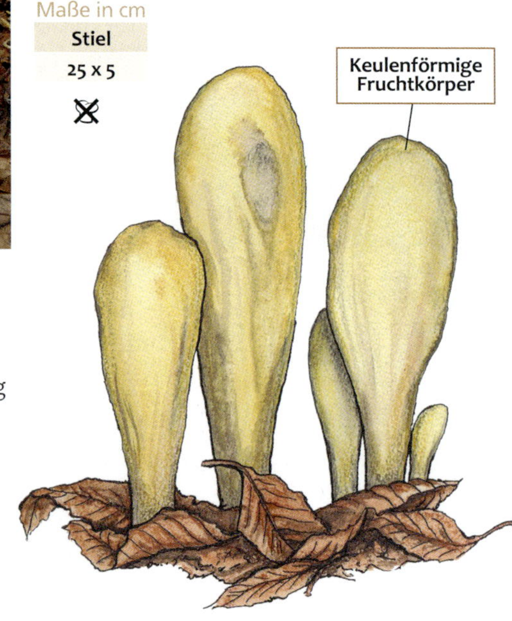

Wo wächst sie?

Dieser Mykorrhizapilz ist von Juli bis November vor allem auf Kalkböden verbreitet und häufig bei Buchen zu finden.

Birkenpilz

Leccinum scabrum

Genau gesagt heißt er Gewöhnlicher Raustielröhrling. Er wird meist einfach Birkenpilz genannt, obwohle es „den“ Birkenpilz gar nicht gibt. In dieser Gattung werden etwa 40 Arten unterschieden. Glücklicherweise gibt es keine ungenießbaren oder giftigen Arten in dieser Gattung. Schmackhaft sind allerdings nur die jungen Pilze, da das Hutfleisch schnell weich und der Stiel zäh wird. Der gesamte Stiel sieht aus, als ob an ihm mit einem Reibeisen entlanggezogen wurde. Er ist durch schwarz bis graubräunliche Schuppen sehr rau. Diesen Flocken verdankt diese Gattung ihren Namen Raustielröhrling. Sie entstehen dadurch, dass die dunkle Stielrinde dem Wachstum des Pilzes nicht folgen kann und einreißt. Im Verhältnis zum braunen Hut wirkt der Stiel relativ lang. Das Röhrenfutter scheint im Alter unter dem Hut hervorzuquellen und ist zum Stiel hin meist tief ausgebuchtet angewachsen. Der Schwamm läuft auf Druck leicht braun an.

Doppelgänger

Der **Hainbuchen-Raustielröhrling** (*Leccinum carpini*) ist zum Verwechseln ähnlich, er wird in der Pfanne schwarz wie eine Rotkappe! Ansonsten gibt es außer dem **Gallenröhrling** (S. 110) keine ähnlichen Arten.

Wo wächst er?

Wie der Name vermuten lässt, gedeiht dieser Pilz stets in der Nähe von Birken, mit denen er in Lebensgemeinschaft (Mykorrhiza) wächst. Er bildet von Juni bis Oktober Fruchtkörper und bevorzugt feuchte Böden.

Hut ⌀
4 – 12
Stiel
15 x 2

Maße in cm

Ⓖ

Espen-Rotkappe

Leccinum leucopodium

Rotkappen sind wunderbare Einsteiger-Pilze. Durch ihre kräftig rote Hutfarbe sind sie nicht nur hübsch, sondern auch leicht zu erkennen – und dazu ausgezeichnete Speisepilze. Das Fleisch ist fest und angenehm im Geschmack und wird im Alter nicht so schnell weich wie das der **Birkenpilze** (S. 47). Es verfärbt sich an der Luft langsam von weiß zu rosa bis zart violett. Und nicht erschrecken: beim Garen in der Pfanne wird es schwarz.

Rotkappen gehören zu den Raustielröhrlingen, so benannt wegen ihres wie mit dem Reibeisen aufgerauten Stieles. Diese Schuppen am Stiel sind je nach Art heller oder dunkler gefärbt. In diese Gruppe gehören auch Birkenpilze. Es gibt in dieser Gattung keine giftigen Arten. Bei den Rotkappen sind die Hutfarben im Gegensatz zu den Birkenpilzen mehr oder weniger rot. Die Hutoberfläche ist feinfilzig. Die Röhren sind graubraun und haben recht enge Röhrenmündungen, die bei Druck bräunlich anlaufen.

Doppelgänger

Die ca. 5 verschiedenen Arten von **Rotkappen** unterscheiden sich durch ihre Baumpartner und die Farbe der Flocken am Stiel. Alle stehen in Deutschland unter Naturschutz und dürfen nur für den Eigenbedarf gesammelt werden.

Wo wächst sie?

Sie wächst in Partnerschaft mit Zitter-Pappeln und bildet von Juni bis Oktober Fruchtkörper. In Süddeutschland findest du am ehesten diese Art, während in Norddeutschland und Skandinavien vor allem die **Heide-Rotkappe** (rechts) vorkommt.

Hut ∅
5–18
Stiel
15 x 4

Maße in cm

Ⓖ

Heide-Rotkappe

Leccinum versipelle

Sie wird auch Birken-Rotkappe genannt. Der gesamte Stiel sieht aus, als ob an ihm mit einem Reibeisen entlanggezogen wurde. Er ist durch schwarz bis graubräunliche Schuppen sehr rau. Diesen Flocken verdankt diese Gattung ihren Namen Raustielröhrling. Sie entstehen dadurch, dass die dunkle Stielrinde dem Wachstum des Pilzes nicht folgen kann und einreißt. Im Verhältnis zum braunen Hut wirkt der Stiel relativ lang. Der Hut wird bis 20 cm breit und ist in der Farbe sehr variabel von gelborange bis braunrötlich, die Oberfläche ist feinfilzig. Das Fleisch läuft beim Erhitzen und auf Druck und im Anschnitt schwarz an, an der Stielbasis wird es blaugrünlich.

Doppelgänger

Es gibt noch weitere Arten von **Rotkappen**, die alle essbar und schmackhaft sind. Sie unterscheiden sich vor allem an den Begleitbäumen mit denen sie wachsen. Stehen dort mehrere Baumarten, ist die Abgrenzung der Art ohne Zuhilfenahme mikroskopischer Merkmale oft schwierig. Alle stehen in Deutschland unter Naturschutz und dürfen nur für den Eigenbedarf gesammelt werden.

Wo wächst sie?

Diese Art ist in Norddeutschland und Skandinavien weit verbreitet. Sie ist ein Birkenbegleiter, der in Heidelandschaften und auf sauren und mehr oder weniger sandigen Böden wächst.

Hut ∅
5–18
Stiel
15 x 4

Maße in cm

G

Echter Steinpilz

Boletus edulis

Steinpilze werden auch „Herrenpilze" genannt. Allerdings gibt es „den" Steinpilz nicht, sondern verschiedene Arten, die sich je nach Begleitbaum in kleinen Merkmalen unterscheiden. Sie sind alle schmackhaft, lassen sich gut trocknen und auch zu Pilzpulver verarbeiten. Um sie zu finden, gibt es einen Trick: Sie wachsen oft dort, wo sich auch Fliegenpilze wohlfühlen. Allerdings nicht in reinen Birkenwäldern, da sie nur sehr selten eine Lebensgemeinschaft mit Birken eingehen. Auch **Mehl-Räslinge** (S. 97) sind gute Steinpilz-Zeiger!

Steinpilze haben einen braunen Hut und jung einen weißen Schwamm, der im Alter durch das reifende Sporenpulver olivgrün wird. Am bauchigen Stiel ist besonders oberhalb ein weißliches Netz zu sehen.

In der chinesischen Medizin haben Steinpilze eine lange Tradition und werden vor allem gegen schmerzhafte Verspannungen eingesetzt. Zum Färben liefern sie gelbliche Farbtöne.

Doppelgänger

Gallenröhrlinge (S. 110) haben ein dunkles Netzmuster und im Alter einen rosabraunen Schwamm. Andere Steinpilz-Arten und **Maronen** (S. 56) können auch sehr ähnlich aussehen.

Wo wächst er?

Von Juli bis Oktober in den meisten Nadel- und Mischwäldern, er geht eine Lebensgemeinschaft vor allem mit Fichten und Buchen ein.

Hut ∅
10 – 25
Stiel
15 x 5

Maße in cm

Flockenstieliger Hexenröhrling

Neoboletus erythropus

Wegen seiner braunen, wildlederartigen Hutoberfläche wird er auch Schusterpilz genannt. Er ist ein dem Steinpilz ebenbürtiger Speisepilz, der auch wunderbar getrocknet werden kann. Sein roter Stiel ist fein geflockt. Außerdem ist das feste Fleisch selten madig. Nicht erschrecken: Das gelbe, beim Anschneiden sofort sehr stark blauende Fleisch färbt sich in der Pfanne erst schwarz und dann wieder gelblich. Im Gegensatz zum Steinpilz, der in kleinen Mengen roh gegessen werden kann, müssen Hexenröhrlinge auf jeden Fall ausreichend gegart werden. Typisch sind die roten Röhrenmündungen, das stark blauende Fleisch und der rote Stiel.

Doppelgänger

Netzstielige Hexenröhrlinge (*Suillellus luridus*) haben ein Netzmusteram am Stiel, oft einen etwas helleren Hut und das Fleisch ist unter dem Schwamm rötlich. Dies siehst du als feine Linie beim Längsschneiden des Hutes und wenn du das Röhrenfutter entfernst. Sie gedeihen meist auf Kalkböden und häufig in Parkanlagen. Giftige **Satans-Röhrlinge** (S. 112) und ungenießbare **Schönfuß-Röhrlinge** (S. 111) haben beide einen sehr viel helleren Hut.

Wo wächst er?

Er geht eine Lebensgemeinschaft (Mykorrhiza) mit verschiedenen Bäumen ein. Du findest ihn von Juni bis Oktober auf sauren Böden meist bei Rotbuchen, Eichen oder Fichten.

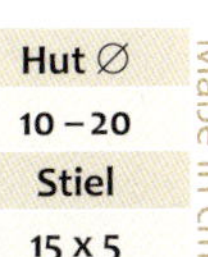

Hut ∅
10 – 20
Stiel
15 x 5

Maße in cm

Butterpilz

Suillus luteus

Der Butterpilz verdankt seinen Namen dem butterweichen Fleisch. Trotz dieses wunderschönen Namens ist er nur jung wirklich lecker. Das Fleisch wird rasch weich und das Abziehen der schmierigen Huthaut ist recht mühsam. In letzter Zeit ist der Butterpilz etwas in Verruf geraten, da er bei empfindlichen Personen zu Allergien führen kann. Probiere also erst einmal mit einer kleinen Menge, ob dir dieser Pilz bekommt. Butterpilze enthalten aber auch medizinisch interessante Inhaltsstoffe, die positiv auf den Cholesterinspiegel wirken.

Der Butterpilz hat einen feucht schmierigen, braunen Hut und leuchtend gelbe Röhren mit feinen, runden Mündungen. Bei jungen Pilzen ist der Schwamm von der Teilhülle verdeckt, beim Heranwachsen bleibt sie als Ring am Stiel zurück. Der Stiel ist besonders zur Spitze hin gelb und dunkel punktiert. Das Fleisch ist ebenfalls gelblich und im Bereich des Hutes heller als im Stiel.

Beim Färben von Wolle und Seide liefert er beige Farben.

Doppelgänger

Bis auf den Ring am Stiel ist der essbare **Ringlose Butterpilz** (*Suillus collinitus*) sehr ähnlich. Er ist seltener und gedeiht vor allem in Gebirgslagen auf Kalkböden. **Gold-Röhrlinge** (rechts) werden vor allem im Alter immer ähnlicher.

Wo wächst er?

Er wächst von August bis November stets in Lebensgemeinschaft (Mykorrhiza) bei Kiefern auf Sandböden.

Hut ∅
4–12
Stiel
8 x 1,5

Maße in cm

Gold-Röhrling

Suillus grevillei

Der Name beschreibt das beste Erkennungsmerkmal: die leuchtend goldgelbe Farbe des Hutes. Die Huthaut ist schmierig und kann vor dem Zubereiten abgezogen werden. Trotz dieses leuchtenden Hutes sind diese Pilze oft erstaunlich gut getarnt.

Jung ist der Gold-Röhrling ein schmackhafter Speisepilz. Das Fleisch wird im Alter jedoch schneller weich als bei hartfleischigen Arten wie z.B. Steinpilzen oder Maronen. Es lohnt sich daher, nur festfleischige Exemplare zu sammeln, deren Fleisch noch gelb ist. Bei Druck und beim Anschneiden werden die Röhren und das Fleisch braun.

Typisch ist auch die Teilhülle, die bei älteren Pilzen als schmierige Ringzone zurückbleibt.

Beim Färben von Wolle und Seide liefert der Gold-Röhrling gelbliche bis orangene und mit Eisenbeize hellgrüne Farben.

Doppelgänger

Der ebenfalls essbare **Butterpilz** (S. 52) hat einen ebenso schmierigen, aber viel dunkleren Hut sowie feinere Poren und einen helleren Stiel. Ebenfalls bei Lärchen zu finden sind die **Rostroten Lärchen-Röhrlinge** (*Suillus tridentinus*) mit stärker rostfarbenem Hut und die **Grauen Lärchen-Röhrlinge** (*Suillus viscidus*) mit graubraunem Hut. Beide sind ebenfalls essbar. **Sand-** und **Kuh-Röhrlinge** (S. 55 und 54) tragen keinen Ring am Stiel.

Wo wächst er?

Von Juni bis Oktober immer in der Nähe von Lärchen. Er hat keine besonderen Bodenansprüche und gedeiht auf Wiesen und in Wäldern, bevorzugt in bergigen Regionen.

Hut Ø
4 – 10
Stiel
10 x 1,5

Maße in cm

Kuh-Röhrling

Suillus bovinus

Der wissenschaftliche Name Suillus leitet sich vermutlich von „*sus*“ ab, was griechisch „Schwein“ bedeutet und darauf hinweist, dass die Schmierröhrlinge an Schweine verfüttert wurden. Tatsächlich ist der Kuh-Röhrling nur jung ein guter Speisepilz, weil sein Fleisch schnell weich wird. Die weichfleischigen, älteren Pilze sind nicht besonders lohnend und können eine schmackhafte Mischpilzpfanne eher verderben.

Erkennen kannst du ihn an dem schmutzig ockerfarbenen Schwamm mit den relativ rhombischen und weitporigen Röhrenmündungen. Er läuft meist recht weit am ringlosen Stiel herab und ist schwer vom Hut zu trennen. Auffällig sind auch die biegsame, elastische Beschaffenheit des Hutes und die pinkfarbene Verfärbung des Fleisches beim Garen. Dadurch zaubert er hübsche Farbkleckse in ein Mischpilzgericht. Der Kuh-Röhrling liefert beim Färben von Wolle und Seide gelbliche und mit Eisenbeize hellgrüne Farben.

Doppelgänger

Alle ähnlichen Röhrlinge sind ebenfalls essbar. Am ähnlichsten sind **Sand-Röhrlinge** (rechts). Sie haben ein festeres Fleisch, einen mehr olivbraunen Hut und engere Röhrenmündungen. **Gold-Röhrlinge** (vorherige Seite) haben einen Ring am Stiel.

Wo wächst er?

Kuh-Röhrlinge gehen eine Lebensgemeinschaft mit Kiefern ein und sind von Juli bis Oktober besonders auf sauren Böden weit verbreitet.

YT

Hut ∅
3 – 10
Stiel
5 x 1

Maße in cm

Sand-Röhrling

Suillus variegatus

Er verdankt seinen Namen der wie besandet wirkenden Huthaut. Er wird auch „Sommersprossen-Röhrling" genannt, weil die Huthaut oft braune Flecken trägt.

Er ist der beste Speisepilz aus der Gattung der Schmierröhrlinge und hat von ihnen allen die trockenste Huthaut. Er ist ein festfleischiger, kompakter Pilz, der recht ergiebig und schmackhaft ist. Besonders gut eignet er sich als Mischpilz. Du erkennst ihn an den jung schon olivgelblichen Röhren. Sie sind dunkler als bei den anderen Schmierröhrlingen und sehr feinporig. Der feinkörnig bis filzige Hut ist mehr oder weniger semmelfarben und wird nur bei feuchtem Wetter schmierig. Der ringlose Stiel hat ungefähr die gleichen Farben wie der Hut. Das Fleisch läuft manchmal bei Druck und im Anschnitt leicht blau an und riecht leicht säuerlich.

Der Sand-Röhrling liefert beim Färben von Wolle und Seide gelbliche und mit Eisenbeize hellgrüne Farben.

Doppelgänger

Falls du einmal einen **Kuh-Röhrling** (links) statt des Sand-Röhrlings in die Pfanne befördert hast, wirst du dich wundern, dass das Fleisch pink anläuft. Essbar sind sie beide, ebenso wie ähnliche Schmier- oder Filzröhrlinge wie z.B. **Gold-Röhrlinge** (S. 53) oder **Ziegenlippen** (S. 58).

Wo wächst er?

Er wächst mit Kiefern in Lebensgemeinschaft (Mykorrhiza) und gedeiht von Juli bis November in Kiefern- und Mischwäldern auf sauren Böden sowie in Heiden und Mooren. In Kiefernwäldern mit Heidekraut und Heidelbeeren ist er neben Maronen einer der häufigsten Röhrlinge.

Hut ∅
4 – 12
Stiel
6 x 2

Maße in cm

Maronen-Röhrling

Imleria badia

Er wird auch einfach nur Marone und wegen des braunen Hutes auch Braunkappe genannt. Die Hutoberfläche ist trocken lederartig und feucht schmierig. Die gelben Röhren werden im Alter olivgrün. Das Fleisch läuft beim Anschneiden und auf Druck blau an. Der glatte, ringlose Stiel wirkt bräunlich marmoriert, trägt keine Netzzeichnung und ist meist schlank, er kann jedoch auch bauchig wie bei einem Steinpilz aussehen. Maronen sind ausgezeichnete Speisepilze. Allerdings solltest du nur frische Pilze sammeln und verdorbene Stellen entlang von Fraßspuren großzügig entfernen. Das Fleisch ist jung und in guter Qualität weiß- bis gelblich und bläut leicht. Bräunliches Fleisch ohne diese Farbreaktion befindet sich bereits in der Zersetzung und muss unbedingt entfernt werden!

Maronen können zum Färben von Wolle und Seide verwendet werden.

Doppelgänger

Es gibt einige ähnliche Arten, die jedoch alle essbar sind. Vermutlich haben einige Pilzsammler in dem Glauben, „nur" Maronen zu sammeln, schon so manche **Ziegenlippe** (S. 58), **Bereiften Filzröhrling** (*Xerocomellus pruinatus*) oder **Rotfuß-Röhrling** (rechts) in die Pfanne befördert. Wenn du dich auf das Sammeln von Schwammpilzen mit braunem Hut beschränkst, kannst du im schlimmsten Fall einen **Gallenröhrling** (S. 110) erwischen, der das Pilzgericht verdirbt.

Wo wächst er?

Von Juli bis November in Nadel- und Mischwäldern unter Kiefern und Fichten auf sauren Böden.

Hut Ø
5 – 15
Stiel
10 x 2

Maße in cm

Rotfuß-Röhrling

Xerocomellus chrysenteron

Er wird auch Rotfüßchen genannt, und wenn du seinen Stiel anschaust, dann weißt du, woher er seinen Namen hat. Er ist besonders zur Basis hin rötlich gefärbt. Die Farbe des filzigen Hutes kann oliv- bis kastanienbraun sein. Im Alter reißt die Oberfläche felderig ein. Typisch sind auch die rot gerandeten Fraßstellen. Die gelblichen Röhren blauen bei Berührung fast ebenso wie bei den Maronen. Auch das Fleisch wird nach dem Anschneiden schwach blau. Genau genommen gibt es auch nicht nur „den" Rotfuß-Röhrling, sondern mehrere Arten, die von Speisepilzsammlern jedoch meist nicht unterschieden werden. Er gehört wie die Marone in die Gattung der Filzröhrlinge und ist ebenso essbar wie diese. Er hat einen eigenen, säuerlichen Geschmack und ist nicht so ein guter Speisepilz wie die Marone. Das Fleisch verdirbt relativ schnell und wird von Goldschimmel befallen. Häufig sind im Wald vollkommen weiß oder gelb überzogene Pilze zu sehen. Sie können ebenso wie der ganze Pilz zum Färben verwendet werden und enthalten sogar einen zusätzlichen Farbstoff.

Doppelgänger

Maronen (links), **Ziegenlippen** (S. 58) und **Blutrote Filzröhrlinge** (S. 59) können ähnlich aussehen. In dieser Gattung sind alle Arten essbar. **Gallen-** oder **Pfefferröhrlinge** (S. 110 und 113) kannst du am Geschmack erkennen.

Wo wächst er?

Rotfuß-Röhrlinge sind von Juli bis November in Laub- und in Nadelwäldern sehr häufig zu finden. Sie gehen sowohl mit Laub- als auch mit Nadelbäumen eine Lebensgemeinschaft ein.

Ziegenlippe

(Xerocomus subtomentosus)

Die Ziegenlippe gehört wie die Marone (S. 56) zur Gattung der Filzröhrlinge, von denen der **Schmarotzer-Röhrling** (S. 60) als einziger als Speisepilz umstritten ist. Der olivbraune Hut ist wildlederartig bis filzig. Auffällig ist der jung leuchtend gelbe Schwamm. Auf Druck bläut er meist ebenso wie das weißliche Fleisch nicht oder nur leicht. Der walzenförmige Stiel ist bräunlich-gelb. Die Ziegenlippe ist ein mittelmäßiger Speisepilz, der sich sehr gut für Mischgerichte eignet. Er kann auch getrocknet oder eingefroren werden.

Ziegenlippen färben Wolle und Seide gelblich bis orange und mit Eisenbeize hellgrün. Die mit Goldschimmel befallenen Pilze können ebenfalls zum Färben verwendet werden, sie enthalten einen zusätzlichen Farbstoff.

Doppelgänger

Das Fleisch der Ziegenlippe läuft im Gegensatz zu dem der **Marone** (S. 56) auf Druck und beim Anschnitt nicht oder weniger blau an. Der Hut der Marone ist dunkler und besonders feucht viel schmieriger. Der Schwamm der Ziegenlippe ist auch leuchtender gelb. Da die Merkmale recht variabel sind, ist es oft schwierig, untypische Ziegenlippen sicher von anderen Filzröhrlingen wie z.B. auch **Rotfuß-Röhrlingen** (S. 57) zu trennen. Wie bei den anderen essbaren Röhrlingen mit braunem Hut ist es hier auch vor allem wichtig, sie nicht mit **Gallenröhrlingen** (S. 110) zu verwechseln.

Wo wächst sie?

Ziegenlippen gehen mit verschiedenen Bäumen eine Symbiose (Mykorrhiza) ein und gedeihen von Juli bis Oktober in Laub- und Mischwäldern auf nicht zu sauren, meist lehmigen Böden. In reinen Nadelwaldbeständen sind sie eher selten.

Hut ∅
5–10
Stiel
6 x 2

Maße in cm

Blutroter Filzröhrling

Hortiboletus rubellus

Dieser hübsche rote Pilz gehört wie z.B. Marone, Ziegenlippe und Rotfuß-Röhrling zu den Filzröhrlingen mit filzigem Hut und gelbem Schwamm. Der 2-7 cm breite Hut ist kräftig rot gefärbt. Die gelben Röhren und das Fleisch laufen bei Druck etwas blau an. Der ringlose Stiel ist zylindrisch, meist ist er vor allem zur Basis hin rot gefärbt. Der Pilz ist essbar und hat einen leicht säuerlichen Geschmack. Das Sporenpulver ist olivbraun.

Doppelgänger

Es gibt noch weitere Arten mit roten Hüten. **Rotkappen** (S. 48 und 49) haben einen rauen Stiel und werden beim Erhitzen schwarz. Der essbare **Aprikosen-Röhrling** (*Xerocomellus armeniacus*) ist vor allem in wärmeren Gebieten häufiger zu finden als nördlich der Alpen. Der essbare **Rostrote Lärchen-Röhrling** (*Suillus tridentinus*) gehört zu den Schmierröhrlingen mit schmierigem Hut. Du kannst ihn vor allem auf kalkreichen Böden im Bergland finden. Allerdings muss eine Lärche in der Nähe stehen! Ungenießbare **Schönfuß-** (S. 111) und giftige **Satans-Röhrlinge** (S. 112) haben einen beigen Hut.

Hut ∅
5–10
Stiel
6 x 2

Maße in cm

Wo wächst er?

Er geht mit verschiedenen Laub- und Nadelbäumen eine Partnerschaft ein und gedeiht vor allem auf lichten, besonnten und grasigen Stellen im Wald und in Parkanlagen.

Schmarotzer-Röhrling

Pseudoboletus parasiticus

Er macht seinem Namen alle Ehre, da er parasitisch auf Kartoffelbovisten wächst. Er verhindert die Sporenbildung und damit die Fortpflanzung des Kartoffelbovistes. Somit ist er ein echter Parasit, der seinem Wirt schadet. Für das Gleichgewicht der Natur stellt er vermutlich jedoch ein wichtiges Regulativ dar, damit die Kartoffelboviste nicht überhandnehmen. Er ist besonders häufig, wenn es auch sehr viele Kartoffelboviste gibt. Oft wachsen gleich mehrere Fruchtkörper zusammen an einem Bovist.

Über seinen Speisewert gehen die Meinungen auseinander. Auch wenn er die Giftstoffe vom Kartoffelbovist nicht aufnimmt, so soll er auch nicht besonders wohlschmeckend sein. Wegen seiner Seltenheit in den meisten Regionen ist er ohnehin schützenswert. Er hat den für die gesamte Gattung typisch feinfilzigen Hut und walzenförmigen, ringlosen Stiel. Das Fleisch ist weißlich und läuft bei Druck und Verletzung nicht blau an. Die Poren sind relativ grob.

Die Fruchtkörper können zum Färben verwendet werden und liefern einen gelbbräunlichen Farbstoff.

Doppelgänger

Durch seinen Standort auf Kartoffelbovisten ist er leicht zu erkennen. Ansonsten könnte man ihn am ehesten für einen **Pfefferröhrling** (S. 113) oder eine **Ziegenlippe** (S. 58) halten.

Wo wächst er?

Von August bis September ausschließlich als Schmarotzer auf Dickschaligen Kartoffelbovisten (S. 109). Da er auf seinen Wirt angewiesen ist, der auf sauren und sandigen Böden wächst, wirst du beide zusammen auf diesen Standorten finden.

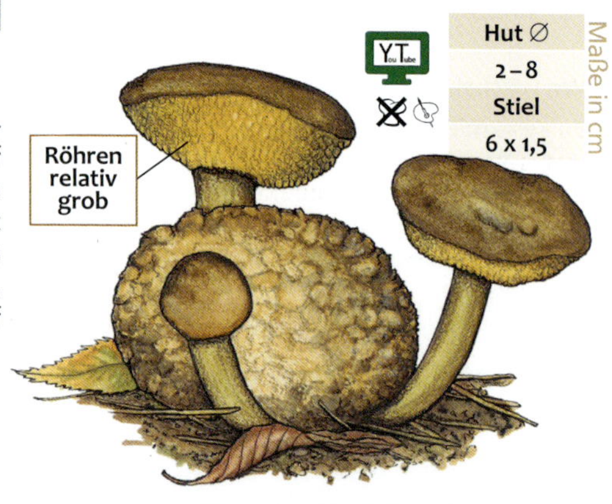

Schwefelporling

Laetiporus sulphureus

Er ist der einzige Porling, den wir wirklich gerne als Speisepilz sammeln. Junge Pilze haben ein zartes Fleisch, und der Geschmack erinnert an Kalbfleisch. Allerdings ist er roh giftig und sollte vor dem Braten abgekocht werden. Paniert in der Pfanne ausgebraten ist er eine Delikatesse. Das Fleisch älterer Pilze ist sehr zäh, es eignet sich nicht einmal mehr für Pilzpulver. In Notzeiten hat man ihn auch zum Strecken von Mehl verwendet. Er besitzt außerdem medizinisch interessante Inhaltsstoffe, die unter anderem das Bakterienwachstum und die Zellalterung verringern.

Doppelgänger

Durch seine kräftig gelb-orangenen Farbtöne ist er leicht zu erkennen. Alle ähnlichen Holzpilze wie z.B. der **Zinnoberschwamm** (folgende Seite) haben auch jung nicht so weiches Fleisch und scheiden als Speisepilze aus. Jung weiches und essbares Fleisch hat auch der **Riesenporling** (*Meripilus giganteus*), doch er ist nicht annähernd so schmackhaft. Sein Fleisch läuft auf Druck und im Alter schwarz an.

Maße in cm

Hut ∅
10 – 40

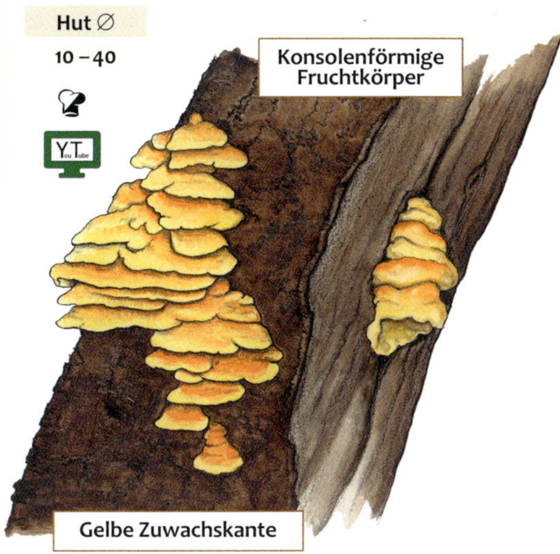

Wo wächst er?

Du findest ihn schon von Mai an bis in den Herbst am Stamm lebender und toter Laubbäume, oft sind es alte Obstbäume. Er ist ein Braunfäule-Erreger.

Zinnoberrote Tramete

Pycnoporus cinnabarinus

Sie bildet sehr auffällige Fruchtkörper und wird auch einfach Zinnoberschwamm genannt. Die zinnoberroten, flach fächerförmigen Fruchtkörper werden bis zu 10 cm breit und sind auch schon jung sehr hartfleischig. Sie gehört zu den Erstbesiedlern von abgestorbenen Zweigen. Zum Färben liefert sie braungelbe Farbtöne.

Eine weitere Art aus dieser Gattung, der Feuerschwamm *(Pycnoporus coccineus)*, wurde in einigen indianischen Völkern zum Färben der Haut benutzt. Dazu wurde das Pulver dieses „*indian paint fungus*" mit Öl und Wasser gemischt auf die Haut aufgetragen. Ähnlich wie bei uns mit Rouge das Gesicht geschminkt wird, wurde dort einfach die Unterseite des frischen Porlings auf die Haut – und vor allem die Wangen – gerieben.

Doppelgänger

Zaunblättlinge (*Gleophyllum separium*) sind ebenfalls farbenfroh, wenn auch mit mehr orangebräunlichen Tönen. Die eher bräunliche **Rötende Tramete** (*Daedaleopsis confragosa*) kannst du an ihren weißlichen Poren erkennen, die auf Druck rotbraun anlaufen. **Schwefelporlinge** (S. 61) und **Riesenporlinge** (*Meripilus giganteus*) sind nicht so kräftig orange und weichfleischiger.

Wo wächst sie?

Du findest die ein- bis maximal zweijährigen Fruchtkörper als Weißfäule-Erreger an totem Laubholz.

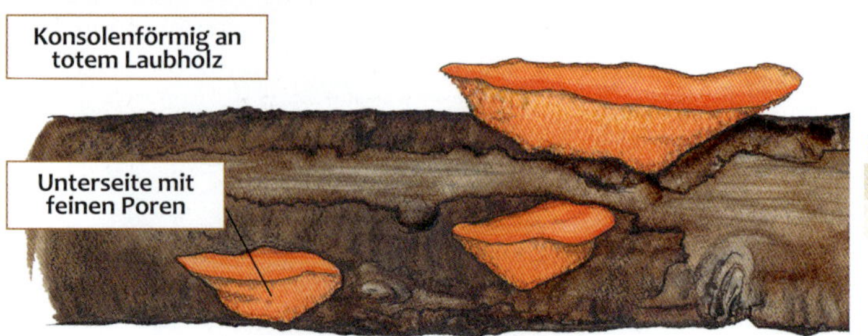

Maße in cm
Hut ∅
3 – 10

Schmetterlings-Porling *Trametes versicolor*

Dieser Holzpilz wird auch Schmetterlings-Tramete genannt. Er wurde an Hüte gesteckt und für Broschen, Schnallen und in der Floristik verwendet. In der ehemaligen DDR diente er zur Herstellung von Mykoholz. Dabei wurde das Holz durch den Pilz so verändert, dass es dauerhaft formstabil blieb. Aus ihm wurden Bleistifte, Lineale und Zeichengeräte hergestellt. Durch das verbesserte Wasserhaltevermögen konnte es auch für Formen in der Glasindustrie eingesetzt werden.

Im fernen Osten ist er einer der begehrtesten Heilpilze. Er wird dort u.a. zur Behandlung von Infektionen und Entzündungen, zur Unterstützung der Immunabwehr und zur Stärkung des Körpers bei Krebserkrankungen eingesetzt.

Die Oberseite ist feinfilzig und stets mehrfarbig gezont. Die Zuwachskante ist stets heller. Allerdings kann er wegen seiner Variabilität in Form und Farbe auch als „König der Verwandlung" bezeichnet werden.

Doppelgänger

Der **Violette Lederporling** (*Trichaptum abietinum*) ist dünnfleischiger und meist wachsen viele der bis 3 cm breiten Hüte bandartig zusammen an Nadelholz. Die **Striegelige Tramete** (*Trametes hirsuta*) wird wegen ihrer samtigen Oberfläche auch Sofapilz genannt. **Schichtpilze** (Gattung *Stereum*) haben auf der Unterseite statt Poren einfach eine glatte Schicht.

Wo wächst er?

Diesen hübschen und vielseitigen Pilz findest du als Weißfäule-Erreger an totem Laub- und seltener auch Nadelholz. Er gilt als Bauholzschädling, da er auch vor Stützbalken in Bergwerken, Gartenpfählen und Eisenbahnschwellen nicht Halt macht.

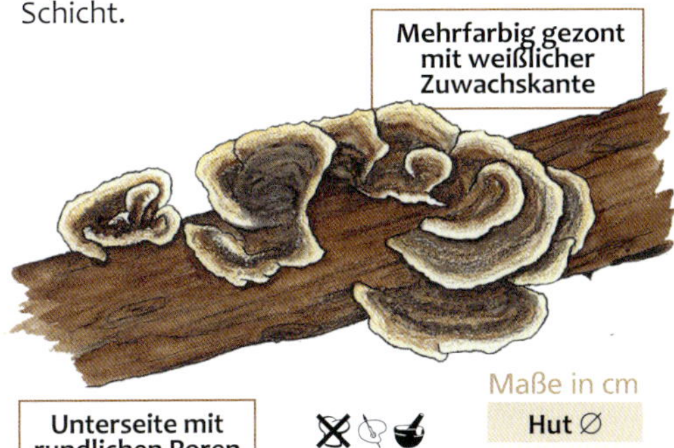

Mehrfarbig gezont mit weißlicher Zuwachskante

Unterseite mit rundlichen Poren

Maße in cm

Hut ∅
8 – 15

Zunderschwamm

Fomes fomentarius

Sein wissenschaftlicher Name beschreibt seine frühere Verwendung: „*Fomes*“ bedeutet lateinisch „Zündstoff“ und „*fomentarius*“ entsprechend „zum Zunder gehörend“. Seit der Steinzeit wurde das Hutfleisch (Trama) zum Auffangen der Funken und so zum Feueranzünden sowie zum Aufbewahren der Glut verwendet. Später lieferte es auch Dochte für Petroleumlampen und Material für die Herstellung von wildlederartigen Kleidungsstücken, Mützen und Hüten. Außerdem schätzte man die blutstillenden Eigenschaften und hat den Pilz für Wundauflagen verwendet. Er wurde auch verräuchert, um Mücken fernzuhalten. Der ausgekochte Pilzsud liefert eine goldbraune Farbe zum Färben.

Die Fruchtkörper sind mehrjährig und können bis zu 30 Jahre alt und 60 cm breit werden. Ähnlich wie bei den Jahresringen eines Baumes kann man beim Schnitt durch einen Fruchtkörper die Anzahl der Lebensjahre ablesen, da jedes Jahr eine neue Porenschicht an die alte gesetzt wird.

Doppelgänger

Es gibt einige ähnliche Baumpilze, wie **Feuerschwämme** (Gattung *Phellinus),* die meist fester mit dem Stamm verbunden wachsen. Dem **Rotrandigen Baumschwamm** (rechts) kann die typische rote Zuwachskante fehlen und auch **Flache Lackporlinge** (S. 69) können sehr ähnlich aussehen.

Wo wächst er?

An Laubholz, meist sind es alte Buchen oder Birken. Er erzeugt Weißfäule. Wenn er an einem aufrechten Stamm sein Wachstum begonnen hat und der Baum umstürzt, ändert er im folgenden Jahr seine Wuchsrichtung.

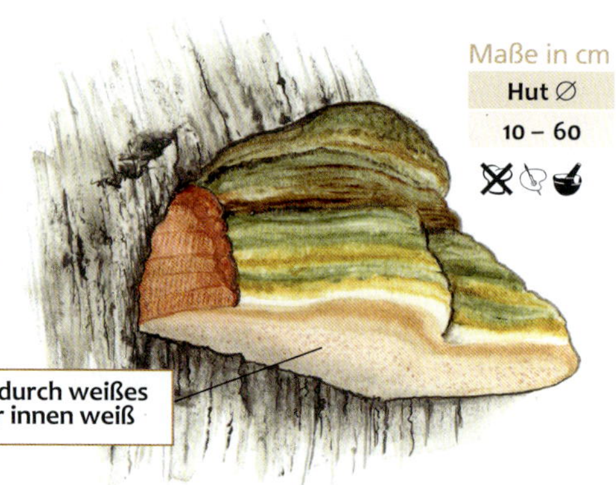

Maße in cm

Hut ∅
10 – 60

Braune Poren durch weißes Sporenpulver innen weiß

Rotrandiger Baumschwamm *Fomitopsis pinicola*

Er verdankt seinen Namen der roten Zuwachskante, doch diese fehlt sehr häufig. Er hat ebenso wie die Feuerschwämme und der Zunderschwamm weißes Sporenpulver.

Allerdings hat er einen typischen Geruch – hast du dir diesen eingeprägt, wirst du ihn leicht wiedererkennen. Außerdem schmilzt seine Kruste beim Erhitzen, was bei den anderen Arten nicht passiert. Dadurch sind sie leicht voneinander zu trennen. Die Rotrandigen Baumschwämme können zum Färben verwendet werden und enthalten Inhaltsstoffe mit hemmender Wirkung auf die Zellalterung und das Bakterienwachstum.

Er richtet – wie die meisten Pilze – sein Wachstum nach der Erdanziehungskraft aus (Geotropismus), d.h. wenn er an einem aaufrechten Stamm Fruchtkörper bildete und der Baum umstürzt, wachsen diese im folgenden Jahr mit veränderter Wuchsrichtung weiter und die alte Porenschicht wird verschlossen.

Doppelgänger

Er ist recht variabel in seiner Farbe und Gestalt, so dass eine Unterscheidung vom **Zunderschwamm** (links) und anderen Baumpilzen nicht ganz leicht ist. Andere Holzpilze wie beispielsweise der **Flache Lackporling** (S. 69) sind durch das braune Sporenpulver gut zu unterscheiden. Oft kann man es bereits im Wald unter den Hüten oder auf dem Pilz selber sehen.

Wo wächst er?

Er zersetzt sowohl Laub- als auch Nadelholz und ist einer der häufigsten Baumpilze unserer Wälder und Forste. Er erzeugt im Holz Braunfäule.

Maße in cm

Hut ∅
10 – 30

Glänzender Lackporling *Ganoderma lucidum*

Er ist in erster Linie ein Heilpilz. Seine Merkmale verrät er bereits im deutschen und wissenschaftlichen Namen: Ganoderma leitet sich von griechisch „Ganos = Glanz“ und „derma = Haut“ ab und bezieht sich auf den bis 20 cm breiten, meist nierenförmigen und wie gelackt aussehenden Hut mit seitlich ansitzendem Stiel.

Die weißlichen Poren auf der Unterseite sind sehr fein und das Sporenpulver rostbraun. Die Farbe der einjährigen Fruchtkörper ist zunächst gelblich-orange und später rötlich-schwarz. Meist hat er eine weiße Zuwachskante. Wie die meisten Porlinge behält er auch getrocknet seine hübsche Gestalt.

Er wird auch Reishi oder chinesisch Ling-Zhi genannt, was frei übersetzt „Pflanze der Unsterblichkeit“ bedeutet. Tatsächlich wird er in der chinesischen Volksmedizin u.a. wegen seiner tumorhemmenden und immunstabilisierenden Eigenschaften seit 4000 Jahren mit schier unüberschaubarem Wirkungsbereich angewandt. Er ist in Form von Kapseln, Pulver, Tee und Zusatz in Nahrungsmitteln inzwischen auch bei uns recht beliebt. Darüber hinaus findet man ihn als Zusatz in Kosmetika und Badezusätzen.

Doppelgänger

Er ist nahezu unverwechselbar, am ähnlichsten ist der seltene **Dunkle Lackporling** (*Ganoderma carnosum*), der an Nadelholz wächst.

Wo wächst er?

Er ist einjährig und wächst meist im Wurzelbereich von Laubbäumen, meist Eichen und seltener auch Nadelbäumen. Er wird seit Jahren auch erfolgreich kultiviert.

Maße in cm

Hut ∅
5 – 20

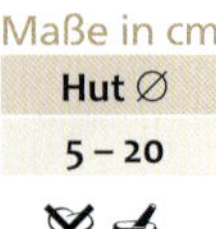

Weiße Porenschicht auf der Unterseite

Meist seitlich gestielt auf Laubholz

Buckel-Tramete

Trametes gibbosa

Sie ist eine der häufigsten weißen Porlinge, die dir im Laubwald begegnen werden. Obwohl sie sehr variabel ist, kannst du sie an den länglichen Poren von 0,5-1 mm Breite gut erkennen. Die mehrjährigen Fruchtkörper sitzen oft mit einem Buckel am Holz, daher der Name. Dieses Merkmal ist jedoch nicht immer gut ausgeprägt. Die Oberseite ist oft durch Algenbewuchs grün gefärbt. Das Sporenpulver ist weiß. Die Fruchtkörper sind sehr gut zum Schöpfen von weißem Pilzpapier geeignet. Für den Verzehr sind sie viel zu hart.

Doppelgänger

Der **Nördliche Schwammporling** (*Climacocystis borealis*) mit weicherem Fleisch ist viel seltener. Die Fruchtkörper werden bis 15 cm breit und wachsen meist an Nadelholzstümpfen. Wie der Name vermuten lässt, sind sie im Norden und in Gebirgslagen häufiger als im Flachland. Die **Striegelige** (*Trametes hirsuta*) und die **Samtige Tramete** (*Trametes pubescens*) haben feinere Poren und eine haarigere Oberfläche. **Eichen-Wirrlinge** (*Daedalea quercina*) und **Birken-Blättlinge** (*Lenzites betulina*) haben eine gröbere, labyrinthische Fruchtschicht.

Wo wächst sie?

Meist wächst dieser Weißfäule-Erreger an Buchenholz, daneben auch an anderen Laubhölzern und nur selten an Nadelholz.

Maße in cm

Hut ∅
8 – 15

Birkenporling

Piptoporus betulinus

Früher wurde er vielfältig verwendet: als Nadelkissen, mit Kieselerde bestrichen als Streichriemen zum Schärfen der Rasiermesser, zum Polieren des Metalls und in der Fertigung der Schweizer Uhrgehäuse. Außerdem besitzt er durch die erstmals in Tschechien nachgewiesenen Polyporensäuren Magen-Darm-kräftigende, entzündungshemmende und antibakterielle Eigenschaften. In jüngster Zeit ist dieser Pilz vor allem bei der Therapie von Krebserkrankungen in den Blickpunkt gerückt.

Aus dem Birkenporling lässt sich wunderbar Papier schöpfen.

Die jungen Pilze wachsen oft erst einmal kugelförmig, bevor sich die konsolenartige Form ausbildet. Die glatte Oberfläche der 10-25 cm großen Fruchtkörper ist weißlich-beige. Auf der Unterseite befinden sich die feinen, rundlichen Poren und setzen die weißen Sporen frei. Am Rand befindet sich eine stumpfe, sterile Zone, an der keine Sporen gebildet werden. Ältere Pilze dienen Insekten als Nahrung und Wohnstätte. Häufig sind es die Käfer *Tetratoma fungorum* und *Cis bilamellatus.*

Doppelgänger

Durch den Standort (nur an Birke) und die gesamte Erscheinung ist er gut gekennzeichnet. Ansonsten kann ihm der seltene, an Eiche wachsende **Eichen-Zungenporling** (*Piptoporus quercinus*) ähneln.

Wo wächst er?

Diesen einjährigen Porling kannst du das ganze Jahr über an geschwächten Birken oder abgestorbenem Birkenholz finden. In Moorwäldern ist er besonders häufig. Neue Fruchtkörper werden meist von August bis Oktober gebildet. Er ist ein Braunfäule-Zersetzer.

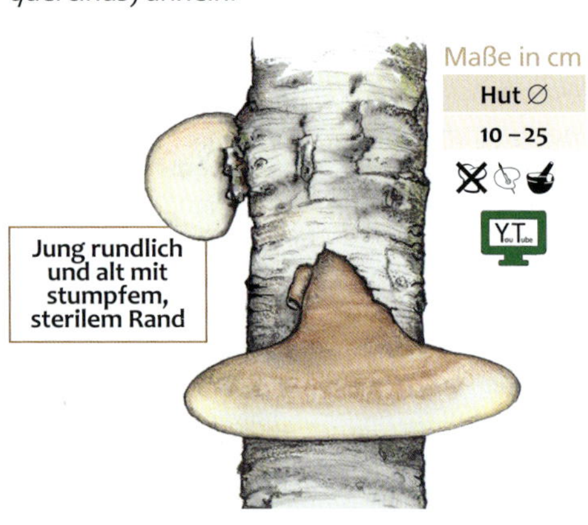

Flacher Lackporling

Ganoderma applanatum

Mit bis zu 80 cm breiten Fruchtkörpern ist er einer der größten Pilze unserer Heimat. Dazu hat er einige sehr interessante Eigenschaften. Einer davon verdankt er den angelsächsischen Namen „designer´s mushroom" oder „artist´s conk". Auf der frischen, weißlichen Unterseite des flachen, konsolenförmigen Pilzhutes lässt sich schreiben und zeichnen. Wenn der Fruchtkörper trocknet, bleibt dieses braune Muster erhalten. Durch Luftströme ist der ganze Pilz meist auch auf der Hutoberseite vom eigenen Sporenpulver braun überstäubt. Wischst du diese beiseite, entdeckst du die lackartige Kruste. Du kannst sie auch mit dem Fingernagel eindrücken – dann hörst du das typische „Knackgeräusch", wenn die feste Kruste zerbricht.

In der chinesischen Medizin hat er eine lange Tradition und wird mit vielfältigen Anwendungsbereichen eingesetzt.

Die Fruchtkörper können zum Färben (beige) verwendet werden.

Doppelgänger

Junge Fruchtkörper kannst du mit anderen Porlingen (S. 64 und 65) verwechseln, auch junge **Zunderschwämme** lassen sich einritzen. Der **Wulstige Lackporling** (*Ganoderma adspersum*) hat nicht so eine flache, eindrückbare Lackkruste.

Wo wächst er?

Die mehrjährigen Fruchtkörper wachsen konsolenartig an Laubbäumen, meist sind es Buchen. Die Pilze sind ganzjährig zu finden, die Sporen werden auch nahezu das ganze Jahr über abgegeben.

Maße in cm
Hut ∅
bis 80

Zimtfarbener Weichporling *Hapalopilus nidulans*

Einige Porlinge sind sehr gut zum Färben geeignet, diese Art ist der König unter den Färbepilzen. Mit ihm kannst du wunderschön violett färben. Die einst so begehrten Farben wie rot, purpur und violett waren im Altertum nur mit Cochenille-Schildläusen und Purpurschnecken möglich und den Reichsten und Mächtigsten vorbehalten. Allerdings ist dieser tolle Färbepilz auch sehr giftig, so dass du ihn auf keinen Fall verschlucken darfst!

Ein markantes Symptom nach dem Verzehr ist der violett verfärbte Urin, den du hoffentlich nie zu sehen bekommst. Die 3-8 cm breiten einheitlich zimtfarbenen Fruchtkörper laden allerdings auch nicht gerade zum Verzehr ein. Du findest diesen recht unscheinbaren Pilz an totem Laubholz, vor allem Eiche, Hasel und Vogelbeere. Wenn du nicht sicher bist, ob du die richtige Art entdeckt hast, kannst du dies mit etwas Lauge testen: Die benetzte Stelle verfärbt sich sofort violett.

Mit allen Arten aus der Gattung der **Schillerporlinge** (*Inonotus*) kannst du sehr schön gelb färben. Sie haben diesen Namen bekommen, weil ihre feinen Poren im schräg einfallenden Licht schimmern.

Doppelgänger

Durch das weiche Fleisch und den Laugentest ist er gut gekennzeichnet.

Wo wächst er?

Einjährige Fruchtkörper konsolenförmig an totem Laubholz, meist Eiche, Hasel und Vogelbeere. Weißfäule-Erreger

Maße in cm

Hut ∅
3 – 8

Y.T.

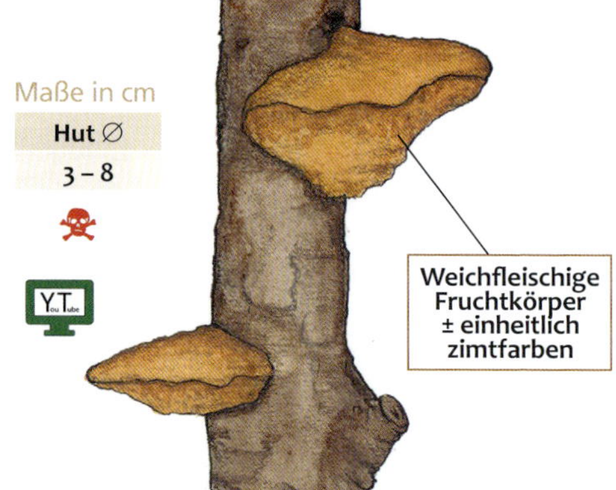

Schopf-Tintling

Coprinus comatus

Er wird auch Spargelpilz genannt. Ein Nachteil ist, dass er sehr leicht verdirbt. Du musst ihn auf jeden Fall am selben Tag, an dem du ihn gesammelt hast, zubereiten oder zumindest blanchieren. Sammele zum Essen auch nur frische Pilze mit weißem Fleisch und Lamellen. Rosa sollten sie nicht mehr gegessen werden. Aber selbst, wenn du einmal zu spät kommst und die Fruchtkörper schon in der Auflösung begriffen sind, kannst du daraus noch Tinte gewinnen. Vor allem in der fernöstlichen Heilkunde schätzt man seine verdauungsfördernden und Blutzucker-regulierenden Eigenschaften.

Der Hut ist walzenförmig und mit weißen, abstehenden Schuppen besetzt. Die Lamellen sind frei, d.h. der Stiel lässt sich leicht aus dem Hutfleisch lösen. Die jung weißen Lamellen färben sich erst rosa und zerfließen zur Reifezeit zu schwarzer Tinte.

Doppelgänger

Er ist einer der wenigen nahezu unverwechselbaren Lamellenpilze, bei denen das Vergleichen von Fotos oder Zeichnungen für eine Bestimmung ausreicht. Am ähnlichsten sind weitere Tintlinge wie der **Specht-** und **Falten-Tintling** (S. 120), die jedoch nie rein weißes Fleisch besitzen.

Wo wächst er?

Von Mai bis November auf nährstoffreichen Standorten wie Wegränder, Wiesen und Parkanlagen.

Hut ∅
2 – 5 x 5 – 15
Stiel
10 x 1,2

Maße in cm

Parasol

Macrolepiota procera

Er gehört zu den größten Speisepilzen unserer Heimat. Die Hüte sind paniert und gebraten eine Delikatesse. Allerdings solltest du diese ausreichend garen und nicht zu fettig zubereiten. Die zähen Stiele eignen sich für Würzpulver. Der nussartig schmeckende Ring ist auch roh schmackhaft. Die weißen Lamellen erreichen den Stiel nicht, d.h. sie sind frei und nicht angewachsen. Der Stiel ist genattert und trägt den für die gesamte Gattung charakteristischen, verschiebbaren Ring, d.h. der Ring ist nicht fest am Stiel angewachsen. Bei dieser Art befindet sich in der Mitte eine bräunliche Rille, die den Ring doppelt erscheinen lässt. Unten ist der Stiel knollig verdickt. Der Geruch ist aromatisch und der Geschmack angenehm nussartig. Das Fleisch rötet nicht.

Die jungen Fruchtkörper haben die Form eines Paukenschlegels, und die Huthaut ist dann noch relativ glatt. Mit dem Aufschirmen reißt die Huthaut ein und hinterlässt die typischen, braunen Schuppen auf dem hellen Hutfleisch. In der Mitte bleibt ein brauner Buckel stehen.

Doppelgänger

Durch die Größe und den verschiebbaren Ring ist er gut zu erkennen. Ähnliche Arten wie die **Safranschirmlinge** (rechts) röten beim Anschneiden. Giftige Arten aus der Gattung der **Schirmlinge** (*Lepiota*, S. 130) haben keinen verschiebbaren Ring.

Wo wächst er?

Er gedeiht von Juli bis November an Waldrändern, auf Lichtungen und auf Wiesen. Mit etwas Glück findest du einen ganzen Hexenring dieser wunderschönen und schmackhaften Pilze. Er wird auch gezüchtet.

Olivbrauner Safranschirmling *Chlorophyllum olivieri*

Seinen Vornamen „Safran“ verdankt er der Eigenschaft des Fleisches, bei Druck und im Anschnitt safranfarben anzulaufen. Geschmacklich ist er ein ausgezeichneter Speisepilz. Die Stiele können getrocknet und für Soßen zu Pilzpulver gemahlen werden. Wie der Parasol hat er einen verschiebbaren Ring. Im Gegensatz zu diesem ist sein Stiel jedoch nicht genattert. Zur Basis hin ist er knollig verdickt. Jung ist der Hut hellbraun und beim Aufschirmen entstehen die typischen Hutschuppen. Die weißen Lamellen sind nicht am Stiel angewachsen.

Doppelgänger

Der **Gift-Safranschirmling** (*Macrolepiota venenata*) und der **Garten-Safranschirmling** (*Chlorophyllum brunneum*) sind recht umstritten. Sie haben rötendes Fleisch und einen unangenehmen Geruch. Ihr Vorkommen ist auf Gartenerde und Kompost beschränkt. Bisher galt der Genuss von Safranschirmlingen als unbedenklich, die auf natürlichen Standorten gewachsen sind. In jüngster Zeit sind vermehrt Magen-Darm-Vergiftungen nach dem Verzehr von Safranschirmlingen bekannt geworden. Ursache hierfür können Giftstoffe in den Pilzen sein, aber ebenso eine unzureichende Garzeit, oder ein zu hoher Fettgehalt. Kleine **Schirmlinge** (*Lepiota*, S. 130) haben keinen verschiebbaren Ring.

Wo wächst er?

Von August bis November vor allem im Nadel- und Mischwald, er bildet dort häufig Hexenringe.

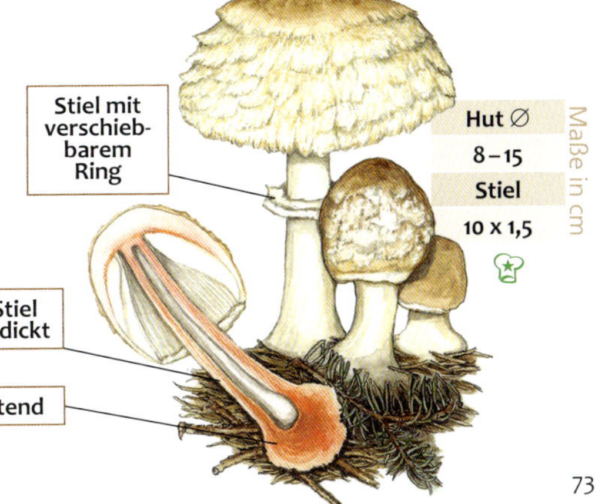

Austern-Seitling

Pleurotus ostreatus

Dieser ausgezeichnete Speisepilz ist auch als Kulturpilz im Handel erhältlich. Die Zuchtpilze sind meist Varietäten aus wärmeren Regionen, da die wild wachsende Art für die Fruchtkörperbildung leichte Nachtfröste benötigt. Der Austern-Seitling ist ein idealer Winterpilz, der auch dann noch ergiebige Pilzmahlzeiten liefert, wenn sonst kaum noch andere Speisepilze im Wald zu finden sind. Meist wachsen viele der seitlich gestielten Fruchtkörper büschelig beieinander. Ihr Anblick erinnert an Austernbänke und hat diesem Pilz seinen Namen eingebracht. Die Hutfarbe ist sehr variabel und reicht von graubräunlich über cremebraun bis zu stahlblau. Die Lamellen sind weißlich und laufen am kurzen Stiel herab.

In der traditionellen chinesischen Medizin wird er vor allem zur Stärkung der Venen und Sehnen eingesetzt, darüber hinaus schätzt man seine antibiotischen und den Cholesterinspiegel regulierenden Eigenschaften.

Doppelgänger

Es gibt einige Gattungen mit seitlichen Hüten, die essbar, aber wenig schmackhaft und oft schwer zu unterscheiden sind. Unter ihnen sind jedoch keine ausgesprochenen Giftpilze. Umstritten ist der weiße **Ohrförmige Seitling** (*Phyllotus porrigens*), weil er in Japan bei Personen mit Nierenproblemen Todesfälle verursacht hat. Vorsichtshalber meidest du weiße Fruchtkörper.

Wo wächst er?

Von Oktober bis Mai an lebenden oder toten Laubhölzern, besonders häufig ist er an dicken, liegenden Buchenstämmen.

Hut ∅
5–20
Stiel
2 x 2

Maße in cm

Muschelförmig an lebenden oder toten Laubhölzern

Edel-Reizker

Lactarius deliciosus

Er wird auch als Echter Reizker – und alle Milchlinge mit orangeroter Milch als Blutreizker – bezeichnet. Allerdings darfst du nicht erschrecken, wenn sich dein Urin nach der Mahlzeit entsprechend färbt. Typisch ist die orangefarbene Milch, die noch lange so bleibt und sich erst nach 1-2 Stunden grün färbt. Der gezonte Hut bekommt mit dem Alter auch zunehmend grüne Farbanteile. Die Huthaut ist feucht schmierig. Auch an den Fraßstellen färbt sich das Fleisch zunächst orange und später grünlich. Das Fleisch ist aus kugeligen Zellen aufgebaut und bricht ohne bevorzugte Richtung ähnlich wie Apfelfleisch. Die Lamellen laufen etwas am ringlosen Stiel herab. Der Stiel ist etwas heller orange als der Hut und besitzt dunklere, grubige Flecken. Jung ist er meist noch vollfleischig und im Alter wird er zunehmend hohl.

Der Pilz färbt Wolle und Seide gelbgrau. Er besitzt Inhaltsstoffe, die das Wachstum von Pilzen und Bakterien hemmen.

Doppelgänger

Durch die orangefarbene Milch hat er keine giftigen Doppelgänger, du kannst ihn höchstens mit einem der anderen ca. 5 **Reizker** verwechseln, die auch orangefarbene oder rote Milch haben. Sie sind alle essbar, aber unterschiedlich schmackhaft. Der Edel-Reizker ist neben dem **Lachs-Reizker** (*Lactarius salmonicolor*) der schmackhafteste von ihnen.

Wo wächst er?

Von August bis Oktober immer in der Nähe von Kiefern, gerne auch in Mischwäldern.

Brätling *Lactifluus volemus*

Der Brätling wird als ausgezeichneter Speisepilz gelobt. Uns stößt sein aufdringlich fischartiger Geruch ab und wir mögen ihn nicht. Wir kennen jedoch Pilzfreunde, die ihn sehr schätzen und darum wollen wir ihn hier vorstellen.

Er wird in manchen Regionen auch Brotmilchling genannt. Durch seinen Geruch und die anfangs weiße und später braune Milch ist er leicht zu erkennen. Die Hutfarbe kann recht unterschiedlich sein und reicht von orangebräunlich bis zu ockerfarben. Der ringlose Stiel besitzt einen ähnlichen Farbton, er ist jedoch heller gefärbt als der Hut. Das Fleisch läuft bei Verletzung und Druck ebenfalls braun an. Die spröden Lamellen haben einen gelblichen Farbton und laufen etwas am Stiel herab. Der Hutrand ist jung eingerollt.

Doppelgänger

Der Brätling ist durch seinen Geruch und die erst weiße und später braun umfärbende, mild schmeckende Milch nahezu unverwechselbar.

Er soll dem **Runzeliggezonten Milchling** (*Lactarius rugatus*) ähnlich sehen, der allerdings vor allem im Mittelmeerraum und in Nordafrika gedeiht. Seine Lamellen stehen weiter auseinander und das Fleisch läuft auf Druck nicht braun an. Der Runzeliggezonte Milchling ist nicht giftig, gilt aber als ungenießbar.

Wo wächst er?

Den Brätling findest du von Juli bis Oktober in Laubwäldern, seltener auch im Nadelwald. Er geht mit verschiedenen Arten eine Partnerschaft ein. Im Gegensatz zu den meisten anderen Pilzarten wächst er auch häufig an warmen Sommertagen.

Hut ∅
5–15
Stiel
10 x 2

Maße in cm

G

Mohrenkopf

Lactarius lignyotus

Er ist besonders kross angebraten eine Delikatesse. Für Mischgerichte und zum Trocknen eignet er sich weniger.

Typisch ist der deutliche Kontrast zwischen den weißen Lamellen und dem dunkelbraunen Hut und Stiel. Die meist spitz gebuckelte Hutoberfläche ist samtig und oft leicht gerunzelt, vor allem im Randbereich. Die Lamellen laufen am dunkelbraunen Stiel herab und sind, vor allem am Stielansatz, ebenfalls typisch runzelig. Die Milch färbt sich an der Luft langsam rosa und hat ebenso wie das Fleisch einen milden und manchmal leicht bitteren Nachgeschmack.

Doppelgänger

Alle ähnlichen Milchlinge haben scharfe oder bittere Milch. Hier hilft zur Unterscheidung eine Geschmacksprobe. Am ähnlichsten sind der **Dunkle Duftmilchling** (*Lactarius mammosus*) mit einem Duft nach Kokosflocken und scharfem Geschmack sowie der **Rußfarbene Milchling** (*Lactarius fuliginosus*) mit hellerem Stiel und ebenfalls scharfer Milch. Durch das Milchen ist die Verwechslung mit Arten anderer Pilzgruppen kaum möglich.

Wo wächst er?

Von August bis Oktober bei Fichten in Gebirgsnadelwäldern auf sauren Böden. Im Flachland fehlt er.

Hut ∅
2 – 6
Stiel
8 x 1,5

Maße in cm

Speise-Täubling

Russula vesca

Seinen Namen hat er zu Recht bekommen, denn er ist einer der wohlschmeckendsten Täublinge mit festem Fleisch und angenehmem Geschmack. Leider ist er häufig madig. Sein Fleisch ist, wie bei allen Sprödblättlern, aus kugeligen Zellen aufgebaut und bricht daher ohne bevorzugte Richtung.

Bei vielen Täublingen ist die Bestimmung der Art nur mikroskopisch eindeutig, doch diesen kannst du an der Huthaut, die den Hutrand nicht ganz erreicht, leicht erkennen. Am Rand bleibt daher immer etwas von dem weißen Hutfleisch sichtbar. Der Hut wird ebenso wie die weißen Lamellen im Alter rostfleckig. Der ringlose Stiel ist walzenförmig und hat keine Knolle.

Doppelgänger

Es gibt einige ungenießbare Täublinge mit mehr oder weniger roten Hüten (S. 118). Wenn du sicher bist, dass es sich um einen Täubling handelt, kannst du eine Geschmacksprobe machen, denn alle mild schmeckenden Täublinge sind essbar. **Fliegenpilze** (S. 123) müssen vorher ausgeschlossen werden! Ihre Huthaut zieht sich wie ein Tortenstück vom Hut und darunter ist das Hutfleisch gelb.

Hut ∅
5 – 10
Stiel
6 x 2

Maße in cm

Wo wächst er?

Von Juni bis Oktober in Laub- und Nadelwäldern. Er geht mit verschiedenen Bäumen eine Lebensgemeinschaft (Mykorrhiza) ein.

Frauen-Täubling

Russula cyanoxantha

Er gehört zu den Sprödblättlern mit festem Fleisch und ist ein ausgezeichneter Speisepilz; entgegen den meisten seiner Verwandten, hat er weiche Lamellen, d.h. sie zersplittern nicht, wenn du mit dem Finger darüberstreichst. Die Hutfarbe ist sehr variabel und meist zweifarbig und daher kein gutes Erkennungsmerkmal. Die Huthaut lässt sich ohne bevorzugte Richtung vom Hut ziehen. Der ringlose Stiel ist walzenförmig und trägt nie eine Knolle, die Teil- und Gesamthülle fehlen. Wenn du einen Täubling sicher als solchen erkannt hast, kannst du eine Geschmacksprobe machen, denn alle mild schmeckenden Täublinge sind essbar.

Doppelgänger

Am ähnlichsten sind die ebenfalls essbaren Grünen **Speise-** (*Russula heterophylla*) und **Grasgrünen Täublinge** (*Russula aeruginea*). Ungenießbare Täublinge kannst du durch eine Geschmacksprobe ausschließen, doch Vorsicht! Du musst dir ganz sicher sein, dass es kein **Knollenblätterpilz** (S. 136) ist, denn dieser schmeckt mild und ist tödlich giftig! Er hat einen Ring und eine Gesamthülle sowie eine dicke Knolle. Die Huthaut vom Knollenblätterpilz kannst du wie ein Tortenstück vom Hutfleisch ziehen und das Fleisch ist faserig.

Wo wächst er?

Von Juli bis Oktober meist in Lebensgemeinschaft mit Buchen oder Fichten in Laub- und Mischwäldern, vor allem auf Kalkböden.

Hut ∅
5–15
Stiel
7 x 2,5

Maße in cm

Brauner Leder-Täubling *Russula integra*

Neben dem Speise- und Frauen-Täubling (vorherige Seiten) gibt es in Mitteleuropa über 200 weitere Täublinge. Ungefähr die Hälfte davon schmecken mild und die andere Hälfte sind entweder zu bitter oder zu scharf für den Verzehr. Wenn du sie dir immer wieder genau anschaust, kannst du nach und nach einige von ihnen kennen lernen, die auch ohne Mikroskop bestimmbar sind. Ein weiterer, leicht kenntlicher Täubling mit angenehmem Geschmack und festem Fleisch ist der Braune Leder-Täubling. Er verdankt seinen Namen dem braunen Hut und den im Alter lederfarbenen Lamellen. Sie nehmen mit zunehmender Sporenreifung immer mehr die Farbe der ockerfarbenen Sporen an. Der Hut ist rot- bis dunkelbraun gefärbt. Der Stiel ist weiß und im Alter wird die Basis oft rostfleckig. Das Fleisch ist, wie bei allen Sprödblättlern, aus kugeligen Zellen aufgebaut und bricht daher ohne bevorzugte Richtung.

Doppelgänger

Wiesel-Täublinge (*Russula mustelina*) haben eine Hutfarbe wie ein Wiesel. Sie sind sehr kompakt und haben eine feste Huthaut. Der Stiel ist gekammert-hohl und das Sporenpulver cremefarben. Er wächst von Juli bis September in den Gebirgs-Nadelwäldern vor allem mit Fichten.

Wo wächst er?

Er geht meist mit Fichten und Kiefern eine Lebensgemeinschaft ein und ist von Juli bis Oktober im Berg-Nadelwald auf kalkreichen Böden besonders häufig.

Hut ∅
5–12
Stiel
7 x 2

Maße in cm

Samtfußrübling

Flammulina velutipes

Dieser Pilz ist nicht nur sehr schmackhaft, sondern verlängert die Pilzsaison weit in den Winter hinein, wenn es kaum noch andere Speisepilze gibt. Ein einzelner Pilz ist wenig ergiebig und das Hutfleisch recht dünn, doch da meist viele Fruchtkörper büschelig zusammen wachsen, reicht ein Fund häufig für eine Mahlzeit. Der Stiel ist sehr zäh und sollte vor der Zubereitung entfernt werden. Am leuchtend orangefarbenen Hut mit der klebrigen, gelatinösen Huthaut und dem samtigen Stiel ist er leicht zu erkennen. Der Stiel ist besonders im unteren Teil braun- bis schwarzsamtig und hat ihm seinen Namen eingebracht. Die Lamellen sind weiß bis gelblich und am ringlosen Stiel angewachsen. Das Sporenpulver ist weiß.

Er wird auch kultiviert und ist im asiatischen Raum als „Enoki-Take" bekannt. Dort ist er auch wegen seiner medizinischen Eigenschaften ein geschätzter Heilpilz.

Doppelgänger

Durch das weiße Sporenpulver, seine Erscheinungszeit und den Stiel ist er von anderen büschelig wachsenden Holzpilzen wie dem gefährlichen **Gift-Häubling** (S. 135) leicht zu unterscheiden.

Wo wächst er?

Von November bis März auf lebenden und totem Laubholz, meist auf Weiden und Pappeln.

Hut ∅
3–5
Stiel
4 x 0,5

Maße in cm

Gew. Hallimasch

Armillaria mellea agg.

Besonders jung ist er ein schmackhafter und ergiebiger Speisepilz. Er ist roh giftig und muss ausreichend gegart werden. Allerdings wird Hallimasch nicht von allen Personen vertragen und du solltest erst einmal mit einer kleinen Menge versuchen, ob er dir bekommt. Außerdem gilt der Hallimasch als Vitalpilz.

Seine Gestalt ist sehr variabel. Der ockerfarbene Hut ist mit vielen Schuppen besetzt. Der zähe Stiel trägt einen wattigen, weißlichen Ring und ist oberhalb der Ringzone längs gestreift. Derzeit hält er den Größen- und Altersrekord: In Amerika hat man das zu einem einzigen Individuum gehörende Myzel eines Hallimaschs mit einem Alter von mindestens 2400 Jahren, einer Ausdehnung von 880 Hektar und einem errechneten Gewicht von 600 Tonnen gefunden.

Doppelgänger

Der ebenfalls essbare **Honiggelbe Hallimasch** (*Armillaria mellea*) hat meist gelbere Hutschuppen sowie einen stärker gelb getönten Ring und Stiel. Am weißen Sporenpulver bzw. seinem Sporenabdruck kannst du ihn von ähnlichen „Holzpilzen“ wie z.B. **Sparrigen Schüpplingen** (S. 114), **Stockschwämmchen** (S. 101), **Schwefelköpfen** (rechts) und **Gift-Häublingen** (S. 135) unterscheiden. Sie alle haben braunes Sporenpulver, während das des Hallimaschs weiß ist.

Wo wächst er?

Von September bis November meist büschelig auf totem und lebendem Nadel- und Laubholz. Nach Holzeinschlag oder Sturmbruch gibt es oft Massenbestände. Vitale und gesunde Bäume kann er nicht schädigen.

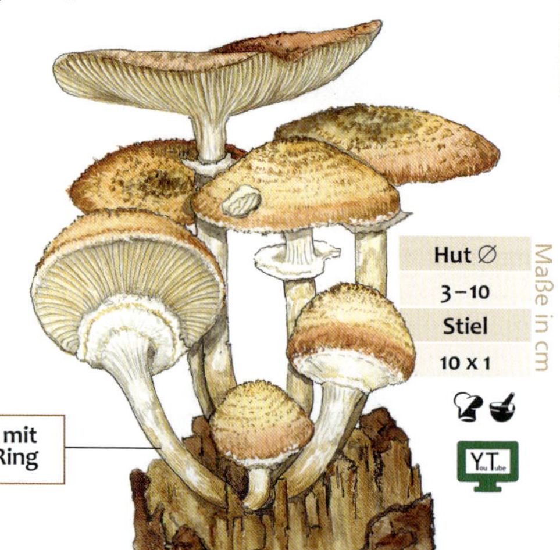

Rauchblättriger Schwefelkopf

Hypholoma capnoides

Er heißt auch Graublättriger Schwefelkopf. Die jungen Pilzhüte der Schwefelköpfe erinnern an Zündhölzer, daher ihr Name. Er ist nicht nur schmackhaft, sondern auch gesund. Er besitzt blutzuckersenkende Wirkstoffe und er ist zur Ernährung bei Diabetes geeignet. Die angewachsenen, grauen Lamellen besitzen keine grünen Farbtöne. Der ockergelbliche Hut blasst zum Rand hin oft aus. Bei jungen Pilzen sind die Lamellen von einer zarten Hülle verdeckt. Später verschwindet diese ganz oder bleibt höchstens als zarter Rest am Hutrand zurück. Der ringlose Stiel ist blass gelb und zähfleischig. Er sollte vor der Zubereitung entfernt werden bzw. gleich im Wald bleiben.

Die Fruchtkörper sind zum Färben geeignet und liefern eine zarte, gelbe Farbe.

Doppelgänger

Der milde Geschmack ist ein gutes Unterscheidungsmerkmal zu seinen ungenießbar bitter schmeckenden Verwandten, dem **Grünblättrigen** und dem **Ziegelroten Schwefelkopf** (S. 115). Hier hilft eine Geschmacksprobe zur Unterscheidung. Aber Achtung: Der tödlich giftige **Gift-Häubling** (S. 135) schmeckt auch mild, er muss vor jeder Geschmacksprobe sicher ausgeschlossen werden!

Wo wächst er?

Er wächst büschelig auf totem Nadelholz. Er kann auch schon im Frühjahr Fruchtkörper bilden, fehlt meist im Sommer und ist im Herbst häufig.

Hut ∅
2–6
Stiel
5 x 0,5

Maße in cm

Zigeuner *Cortinarius caperatus*

Seine weiteren Namen Reifpilz und Runzelschüppling beschreiben sehr gut seine Merkmale. „Reifpilz“ bezieht sich auf den reifartigen Überzug des Hutes, der besonders bei jungen und frischen Pilzen zu sehen ist. In manchen Regionen wird er auch „Runzelschüppling“ genannt, was den bei Trockenheit charakteristisch faltig gerunzelten Hut und oft auch gerippten Rand der Hüte beschreibt. In Finnland heißt er „Großmutters Nachthaube“ – dies bezieht sich auf die jung eiförmig geschlossenen Exemplare. Du kannst ihn am bereiften und besonders bei Trockenheit runzeligen Hut und dem deutlich ausgeprägten Ring gut erkennen. Die eng stehenden Lamellen mit der gekerbten Schneide sind breit angewachsen.

Er ist ein ausgezeichneter Speisepilz. Der faserige Stiel kann zu Pilzpulver verarbeitet werden.

Doppelgänger

Schleierlinge (S. 132) können ähnlich aussehen, besitzen jedoch alle keinen Ring, sondern haben höchstens feine Schleierreste am Stiel. Ebenfalls ähnliche und giftige **Risspilze** (S. 129) oder der giftige **Riesen-Rötling** (S. 128) unterscheiden sich auch durch den fehlenden Ring. Der **Glimmerschüppling** (*Phaeolepiota aurea*) hat ebenfalls eine glimmerige Huthaut und einen Ring, ist jedoch meist größer und wächst auf stickstoffreichen Böden. Sein Speisewert ist umstritten.

Wo wächst er?

Von August bis Oktober in Nadelwäldern auf sauren Böden, häufig zwischen Heidekraut bei Kiefern. Leider ist er in vielen Regionen selten geworden und sollte dort, wo er nicht mehr häufig vorkommt, geschont werden.

Hut ∅
5–10
Stiel
10 x 2

Maße in cm

Wald-Champignon

Agaricus silvaticus

Er ist ein ebenso leckerer Speisepilz wie der Wiesen-Champignon, allerdings ist er nicht ganz so ergiebig, da das Hutfleisch dünner ist. Sein weiterer Name Blut-Egerling beschreibt sehr gut das rötende Fleisch. Typisch sind auch der bräunliche, mehr oder weniger schuppige Hut und die jung rosafarbenen und alt schwarzbraunen Lamellen. Sie sind frei, d.h. nicht am Stiel (der sich leicht vom Hut lösen lässt) angewachsen. Die Teilhülle bleibt nach dem Aufschirmen des Hutes als hängender Ring am Stiel zurück, eine Gesamthülle fehlt. Der Stiel ist blasser als der Hut und hat keine Knolle. Der Geruch ist unauffällig angenehm.

Doppelgänger

Du kannst ihn mit jungen **Safranschirmlingen** (S. 73) oder anderen, ebenfalls rötenden Champignons verwechseln. Unter diesen gibt es - im Gegensatz zu den gilbenden Arten wie den **Karbol-Champignon** (S. 117) - keine gefährlichen Doppelgänger. Dadurch und durch die braunen Hutfarben kannst du ihn auch kaum mit **Panther-** (S. 131) und **Knollenblätterpilzen** (S. 136) verwechseln. Rötendes Fleisch besitzt auch der **Ziegelrote Risspilz** (S. 129), der jedoch einen helleren Hut und keinen Ring besitzt.

Hut ∅
4–10
Stiel
6 x 1

Maße in cm

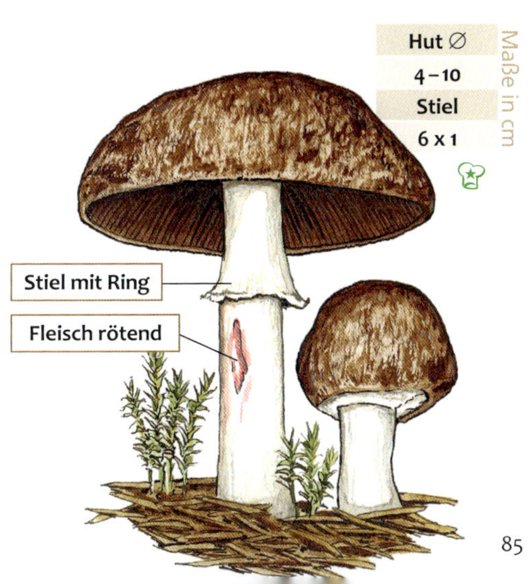

Wo wächst er?

Von Juli bis Oktober in Laub- und Nadelwäldern. Er wächst häufig unter Fichten und Buchen und hat keine besonderen Bodenansprüche.

Wiesen-Champignon

Agaricus campestris

Er wurde bereits von den alten Römern als Delikatesse geschätzt und ist noch schmackhafter als die Zuchtformen. Er ist einer der wenigen Pilze, die in kleinen Mengen roh verzehrt werden können, beispielsweise in dünnen Scheiben auf einem Salat angerichtet. Wegen seiner appetitanregenden, allgemein kräftigenden und blutdruck- und blutzuckersenkenden Eigenschaften wird er auch in der Pilzheilkunde geschätzt.

Erkennen kannst du ihn an dem weißen Hut mit den jung rosafarbenen und reif schwarzbraunen Lamellen. Das Fleisch rötet schwach, der Geruch ist angenehm „champignonartig“ und die Lamellen sind frei, d.h. nicht am Stiel (der sich leicht vom Hut lösen lässt) angewachsen. Er hat keine Knolle und auch keine Gesamthülle.

Doppelgänger

Es gibt über 50 Champignon-Arten und darunter einige unverträgliche. Wenn du auf den angenehmen Geruch achtest, kannst du die essbaren nicht mit **Karbol-Champignons** (S. 117) verwechseln. Außerdem läuft deren Knolle beim Ankratzen gelb an. Auch auf Wiesen können tödlich giftige **Knollenblätterpilze** (S. 136) wachsen, wenn z.B. eine einzelne Eiche am Wiesenrand steht. Sie unterscheiden sich durch die weißen Lamellen, die dicke Knolle und eine Gesamthülle.

Wo wächst er?

Von Juni bis Oktober auf mäßig nährstoffreichen Wiesen.

Violetter Lacktrichterling *Laccaria amethystea*

Diese Pilze sind zwar klein, aber es macht einfach Spaß, einige davon für Mischpilzgerichte zu sammeln. Am auffälligsten ist die in allen Teilen violette Farbe. Allerdings ist der Hut auch stark hygrophan, das bedeutet, dass er feucht sehr farbintensiv ist, und beim Austrocknen werden die violetten Farbtöne cremefarbener bis hell grauviolett. Die Lamellen und der Stiel haben mehr oder weniger die gleiche Farbe wie der Hut. Die breit angewachsenen Lamellen sind dicklich und stehen recht entfernt voneinander. Der Stiel ist zähfleischig und an der Basis durch angewachsene Myzelstränge filzig. Es empfiehlt sich, die Hüte ohne viel Stielfleisch abzuschneiden. Dadurch bleibt das Myzel im Boden unbeschädigt.

Doppelgänger

Der **Rettich-Helmling** (S. 122) hat ebenfalls weißes Sporenpulver, aber hellere und enger stehende Lamellen. Kleine, violette **Schleierlinge** können durch das braune Sporenpulver unterschieden werden. Am ähnlichsten sind die giftigen **Rettich-Gürtelfüße** (*Cortinarius evernius*) und **Violetten Rettich-Gürtelfüße** (*Cortinarius scutulatus*) mit einem Geruch nach Rettich.

Wo wächst er?

Von Juli bis November in der Laubstreu oder zwischen Moosen in Laub- und Nadelwäldern, besonders in feuchten Jahren sehr häufig.

Hut ∅
1–5
Stiel
5 x 0,5

Maße in cm

Violetter Rötelritterling *Lepista nuda*

Er ist ein vielseitig verwendbarer und beliebter Speisepilz, der auch kultiviert wird. Das violette Fleisch behält seine Farbe auch nach dem Erhitzen. Sein Verzehr soll sehr gesund sein und ihm werden blutdrucksenkende Eigenschaften zugesprochen. Typisch ist der violett bis violettbräunliche Hut mit der glatten und kahlen Oberfläche. Bei Trockenheit verblasst er stark (hygrophan). Die Lamellen sind, wie für die Gattung typisch, nicht fest mit dem Hutfleisch verwachsen und lassen sich wie auf einer Seifenschicht verschieben. Sie sind ausgebuchtet bis aufsteigend am ringlosen Stiel angewachsen. Der Pilz hat einen angenehm würzigen Geruch und violettes Fleisch.

Doppelgänger

Alle ähnlichen Rötelritterlinge sind ebenfalls essbar. Sehr kräftig violett ist auch der essbare, aber minderwertige **Violette Schleierling** (*Cortinarius violaceus*). Er unterscheidet sich, wie alle Schleierlinge (S. 132), durch das braune Sporenpulver, die mit dem Hutfleisch verbundenen Lamellen und den spinnwebartigen Schleier, der bei jungen Pilzen besonders gut sichtbar ist. Unter den Schleierlingen gibt es einige Giftpilze und zahlreiche mehr oder weniger violett gefärbte Arten.

Maße in cm	
Hut ∅	4–12
Stiel	8 x 2

Wo wächst er?

Von September bis November in nicht zu sauren Laub- und Nadelwäldern sowie in Parkanlagen. Gelegentlich erscheint er auch schon im Frühjahr, aber meist wächst er im Spätherbst und bildet dann häufig Hexenringe.

Nebelkappe *Clitocybe nebularis*

Genau genommen heißt die Nebelkappe Nebelgrauer Trichterling, er wird auch Graukappe genannt. Früher wurde dieser Pilz auf Märkten angeboten, doch dann ist er wegen des Giftstoffes Nebularin, einem zytotoxischen Adenosin-Antagonisten, in Verruf geraten. Er steht nicht in der Positivliste der zum Verzehr empfohlenen Speisepilze der Deutschen Gesellschaft für Mykologie (www.dgfm-ev.de).

Er wirkt in allen Teilen nebelgrau. Der Hut ist etwas dunkler als der ringlose Stiel, und die Lamellen stehen gedrängt. Dieser Pilz ist einer der variabelsten überhaupt und für einen Einsteiger ist es oft eine große Herausforderung, seine verschiedenen Formen zu erkennen. Ein gutes Merkmal sind die Lamellen, die nicht fest mit dem Hutfleisch verwachsen sind. Typisch ist auch der süßlich-mehlartige Geruch und Geschmack.

Doppelgänger

Die Nebelkappe hat die für die Gattung **Rötelritterling** (in die dieser Pilz früher gehörte) typischen, verschiebbaren Lamellen. Alle Arten aus der Gattung der Rötelritterlinge sind essbar. Die essbaren **Erdritterlinge** haben ebenso wie der giftige **Tiger-Ritterling** (S. 127) keine verschiebbaren Lamellen. Der giftige **Riesen-Rötling** (S. 128) hat jung bereits gelbliche Lamellen und rosabräunliches Sporenpulver.

Wo wächst er?

Er bildet meist im Oktober und November große Hexenringe in Laub- und Nadelwäldern.

Hut ∅
5–15
Stiel
9 x 2

Maße in cm

Mönchskopf

Infundibulicybe geotropa

Mancherorts heißt er Falber Riesentrichterling. Er hat ein würziges Aroma und ist beliebig zubereitet lecker. Der Geruch ist mandelartig angenehm. Der Hutrand ist lange eingerollt und in der Mitte des beige bis ockerrötlichen Hutes hat er einen deutlichen Buckel, den er auch behält, wenn sich der Hut im Alter trichterförmig nach oben vertieft. Die Lamellen laufen meist weit am Stiel herab und sind scharf abgesetzt. Der Stiel erscheint im Verhältnis zur Hutgröße recht lang, zur Basis hin kann er etwas breiter werden. Er ist längsfaserig-rissig und wird im Alter innen wattig hohl. An der Basis trägt er meist einen filzigen Flaum aus Myzelsträngen.

Doppelgänger

Durch das fast majestätisches Aussehen sind typische Mönchsköpfe gut kenntlich. Kleinere Pilze sehen **Trichterlingen** recht ähnlich. Da es in der Gattung neben dem essbaren **Ockerbraunen Trichterling** (*Clitocybe gibba*) auch einige giftige Arten (S. 125) gibt, sollten Einsteiger schmächtige und untypische Exemplare meiden. **Riesen-Rötlinge** (S. 128) und **Fälblinge** (*Hebeloma*) haben kein weißes Sporenpulver.

Wo wächst er?

Von September bis November in Laub- und Nadelwäldern auf Kalkböden, oft in großen Hexenringen.

Hut ∅
10 – 25
Stiel
15 x 2

Maße in cm

Grüner Anis-Trichterling *Clitocybe odora*

Seinen Namen verdankt er seinem anisartigen Geruch. Er ist einer der wenigen ohne Zuhilfenahme mikroskopischer Merkmale leicht kenntlichen, essbaren Trichterlinge. Er behält sein anisartiges Aroma auch bei der Zubereitung. Typisch ist neben dem Duft auch der blaugrünliche Hut. Er ist hygrophan, d.h. er ist feucht dunkler und wird bei Trockenheit heller. Die Hutfarben sind außerdem sehr variabel, und beim Eintrocknen können sich hübsche Muster auf der Oberfläche ergeben. Die cremefarben bis leicht grünlichen Lamellen sind am Stiel herablaufend angewachsen. Im Alter sind die Hüte häufig nach oben gebogen. Diesen beiden Eigenschaften verdankt die ganze Gattung Trichterling ihren Namen.

Doppelgänger

Durch die blaugrüne Hutfarbe in Verbindung mit dem Anisgeruch ist dieser Pilz kaum zu verwechseln.

Ausgeblasste Pilze ähneln dem durch Muskarin giftigen **Weißen Anis-Trichterling** (*Clitocybe fragans*). Ähnlich, aber ohne den charakteristischen Geruch, können auch andere weißliche Trichterlinge sein, unter denen es sehr giftige gibt (S. 125). Du solltest also immer nur typische, grünblaue Anis-Trichterlinge sammeln.

Wo wächst er?

Von August bis November ist er ein häufiger Pilz in Laub- und Nadelwäldern. Als Zersetzer bildet er oft große Hexenringe in der Laub- oder Nadelstreu.

Hut ∅
5–8
Stiel
4 x 0,8

Maße in cm

Mai-Ritterling

Calocybe gambosa

Er wird auch Maipilz genannt und erscheint gleichzeitig mit der Apfelblüte. Uns schmeckt dieser Pilz sehr gut. Sein mehlartiger Geschmack gefällt aber nicht jedem, doch lohnt sich auf jeden Fall ein Versuch, denn er ist sehr festfleischig und ergiebig. Die Fruchtkörper sind relativ kräftig, kompakt und festfleischig. Die weißliche bis cremefarbene Hutoberfläche ist wildlederartig und der Stiel ist ringlos. Die weißen Lamellen sind meist ausgebuchtet angewachsen. Typisch ist auch der mehlartige Geruch und Geschmack.

Doppelgänger

Der ebenfalls essbare **Veilchen-Rötelritterling** (*Lepista irina*) wächst auf ähnlichen Standorten, meist jedoch erst im Herbst. Der giftige **Riesen-Rötling** (S. 128) hat jung bereits gelbliche Lamellen und rosabräunliches Sporenpulver. Der giftige **Ziegelrote Risspilz** (S. 129) unterscheidet sich durch sein erdbraunes Sporenpulver. Außerdem hat er einen kegeligeren Hut, der erst weißlich bis strohfarben ist und im Alter und bei Verletzung ziegelrot anläuft. Wenn du dir unsicher bist, kannst du erst einmal einen Sporenabdruck machen (S. 12). Den Mai-Ritterling kannst du an seinem weißen Sporenpulver gut erkennen.

Wo wächst er?

Zur Apfelblüte (April bis Juni) auf Rasenflächen in Laub- und Mischwäldern. Du kannst ihn auch in Parkanlagen und an Wegrändern auf mineralreichen Böden finden.

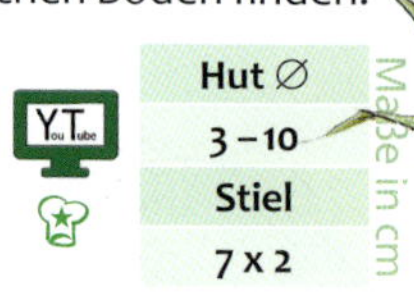

Hut ∅
3 – 10
Stiel
7 x 2

Maße in cm

Nelken-Schwindling

Marasmius oreades

Für den Sammler ist dieser kleine Pilz nur attraktiv, da er recht häufig ist und meist in Hexenringen wächst. Sein Geruch und Geschmack ist angenehm würzig. Typisch für die Gattung der Schwindlinge ist, dass sie nach dem Wässern (oder Einweichen in Sahne) wieder die ursprüngliche Gestalt annehmen. Daher sind es ausgezeichnete Trockenpilze.

Die lederfarbenen Hüte haben einen fein gekerbten Rand und sind hygrophan, d.h. ihre Farbe schwankt je nach Feuchtigkeitsgehalt zwischen hell cremefarben im trockenen Zustand und braunbeige bei mehr Feuchtigkeit. Die Lamellen sind dicklich und entfernt stehend. Der Stiel ist sehr zäh und biegsam, in Frankreich wird der Nelken-Schwindling daher auch „Hartfuß“ genannt. Die zähen Stiele sollten vor der Zubereitung entfernt werden.

Doppelgänger

Auf Wiesen besteht die Gefahr der Verwechslung vor allem mit giftigen, kleinen **Trichterlingen** (S. 125), **Schirmlingen** (S. 130) oder **Risspilzen** (S. 129). Sie alle haben einen faserig-brüchigen Stiel. Im Wald ähnelt ihm der ungenießbare **Brennende Rübling** (*Gymnopus peronatus*), der durch eine Geschmacksprobe ausgeschlossen werden kann.

Wo wächst er?

Von Mai bis November meist in Hexenringen auf mageren Grasflächen und an Wegrändern.

Echter Knoblauch-Schwindling

Mycetinis scorodonius

Schwindlinge sind niedliche Pilzchen mit kleinen bis sehr kleinen Fruchtkörpern. Eine Besonderheit dieser Gattung ist, dass das zäh-elastische Fleisch, auch vollständig ausgetrocknet, nach einem Regenguss wieder frisch aussieht – wirklich lebt es jedoch nicht auf. Dadurch lassen sich Schwindlinge nach dem Trocknen sehr gut wieder verwenden. Der Echte Knoblauch-Schwindling wird auch Küchen-Schwindling genannt, da er als Gewürzpilz und Knoblauchersatz verwendet werden kann. Getrocknet eignet er sich für Pilzpulver. Einziger uneingeschränkter Speisepilz dieser Gattung ist der **Nelken-Schwindling** (S. 93).

Doppelgänger

Er hat einen helleren Hut als der **Saitenstielige Knoblauch-Schwindling** (*Mycetinis alliaceus*) und einen kürzeren Stiel. Der Saitenstielige Knoblauchschwindling wächst in kalkreichen Gebieten im Buchenwald auf Holz oder Wurzeln. Er hat einen bis 4 cm breiten, dunkel graubraunen Hut und einen langen, schwarzbraunen Stiel. Der Stiel erinnert an die Saiten eines Musikinstruments, daher der Name. Er riecht aufdringlich knoblauchartig und hat einen knoblauchartigen und brennend scharfen Geschmack. Er kann ebenfalls als Würzpilz verwendet werden.

Wo wächst er?

Er wächst als Zersetzer auf verschiedenen Pflanzenresten und ist auch auf Fichtenzapfen zu finden.

Hut ∅
1–3
Stiel
4 x 0,2

Maße in cm

Fuchsiger Scheidenstreifling *Amanita fulva*

Er hat einen recht langen Stiel, so dass der Hut oft „stolz aufrecht" wirkt. So verwundert es nicht, dass er auch Stolze Dame genannt wird. Uns schmeckt dieser Pilz nicht besonders gut, doch stellen wir immer wieder fest, dass die Geschmäcker sehr verschieden sind.

Jung ist der ganze Fruchtkörper – wie bei allen Streiflingen – von der Gesamthülle umschlossen. Sie ist sehr stabil und bleibt beim Aufschirmen an der oft tief im Boden steckenden Stielbasis zurück. Der Hut ist jung sehr weit eingerollt, so dass auf seinem Rand später die Abdrücke der Lamellen deutlich sichtbar sind. Die Huthaut lässt sich tortenstückartig vom Hut ziehen. Die weißen Lamellen sind frei.

Doppelgänger

Durch den gerieften Hutrand, die Reste der Gesamthülle an der Stielbasis und das Fehlen eines Ringes ist diese Pilzgruppe leicht zu erkennen. Unter ihnen gibt es keine ausgesprochenen Giftpilze. Am ähnlichsten ist der ebenfalls essbare **Orangegelbe Streifling** (*Amanita crocea*). Er hat im Gegensatz zum Fuchsigen Streifling einen stärker orange genatterten Stiel und wächst bei Eichen. **Wulstlinge** (Gattung *Amanita*) wie **Pantherpilze** (S. 131), **Fliegenpilze** (S. 123), **Isabellfarbener Wulstling** (*Amanita eliae*) usw. können nach einem Regen auch ihre Flocken auf dem Hut verlieren und recht ähnlich werden. Sie tragen alle einen Ring am Stiel.

Wo wächst er?

Du findest diesen Pilz im Laub- und Nadelwald. Er geht mit Laub- und Nadelbäumen eine Lebensgemeinschaft ein, besonders häufig ist er bei Birken und Kiefern in sauren, feuchten Wäldern zu finden.

Rotbrauner Hut am Rand gerieft

Rest der Gesamthülle an der Stielbasis

Hut ∅
4–8
Stiel
10 x 1

Maße in cm

Perlpilz *Amanita rubescens*

Er ist ein schmackhafter Speisepilz, der jedoch roh giftig ist und unbedingt ausreichend gegart – besser noch vor dem Braten einige Minuten gekocht – werden muss. Durch das rötende Fleisch ist er meist schon auf den ersten Blick zu erkennen. Besonders deutlich sichtbar ist dies an den Madengängen und verletzten Stellen. Die Huthaut lässt sich tortenstückartig vom Hutfleisch ziehen, so dass das ebenfalls rötliche Hutfleisch sichtbar wird. Die Lamellen sind weiß und nicht am Stiel angewachsen, d.h. der Stiel lässt sich wie an einer Sollbruchstelle aus dem Hut lösen. Nach unten hin ist er knollig verdickt, die Knolle ist nicht scharf vom Stiel abgesetzt. Er besitzt eine Teil- und eine Gesamthülle (S. 16). Der Ring ist auf der Oberseite gerieft, d.h. mit fein sichtbaren Linien versehen. Der Hutrand ist glatt.

Doppelgänger

Wenn du Perlpilze sammeln möchtest, muss du dich unbedingt mit dem **Pantherpilz** (S. 131) vertraut machen. Eine Verwechslung mit dem **Grauen Wulstling** (*Amanita excelsa*) ist nicht gefährlich, da dieser ebenfalls essbar aber weniger schmackhaft ist. Er hat bis auf das rötende Fleisch alle Merkmale des Perlpilzes. Von **Fliegenpilzen** (S. 123) kannst du Perlpilze gut unterscheiden, indem du ein Stück Huthaut abziehst. Beim Fliegenpilz ist das Fleisch unter der Huthaut gelb.

Wo wächst er?

Juni bis Oktober in den meisten Laub- und Nadelwäldern. Er hat keine besonderen Bodenansprüche und geht mit vielen Baumarten eine Lebensgemeinschaft (Mykorrhiza) ein.

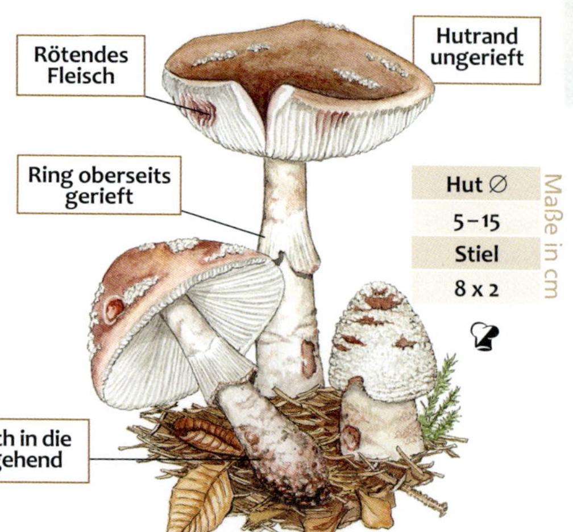

Hut ∅
5–15
Stiel
8 x 2

Maße in cm

Mehl-Räsling

Clitopilus prunulus

Er ist ein Speisepilz. Da ihm einige Giftpilze sehr ähnlich sehen, sollte er nur von erfahrenen Sammlern gegessen werden. Aber auch, wenn du ihn nicht zum Verzehr sammelst, lohnt es sich, ihn kennen zu lernen, denn er ist ein Steinpilz-Anzeiger, da er dessen ökologische Ansprüche teilt. Da er als Zersetzer nicht auf passende Begleitbäume angewiesen ist, können die Steinpilze allerdings nur dort gedeihen, wo die für sie passenden Baumpartner wachsen.

Sein Hut ist weißlich und oft trichterförmig vertieft. Die Lamellen stehen eng und laufen meist weit am Stiel herab. Jung sehen sie weiß aus und später werden sie durch das rosabraune Sporenpulver immer mehr fleischfarben. Der Stiel verjüngt sich zur Basis hin und ist relativ weichfleischig. Der Geruch ist mehlartig und ebenfalls ein gutes Erkennungsmerkmal.

Doppelgänger

Die fleischfarbenen Lamellen sind mit dem Alter immer deutlicher zu erkennen. Sie sind ebenso wie das rosabraune Sporenpulver ein gutes Unterscheidungsmerkmal zu ähnlichen **Trichterlingen** (S. 125) mit weißem Sporenpulver. Dazu sind die Lamellen des Mehl-Räslings recht weich und lassen sich mit dem Finger zerquetschen, während sie sich bei anderen Lamellenpilzen eher verbiegen oder splittern. Achtung, der **Riesen-Rötling** (S. 128) hat ebenfalls rosabraunes Sporenpulver!

Hut ∅
4–10
Stiel
5 x 0,8

Maße in cm

Wo wächst er?

Von Juli bis Oktober in Laub- und Nadelwäldern auf nicht zu sauren Böden.

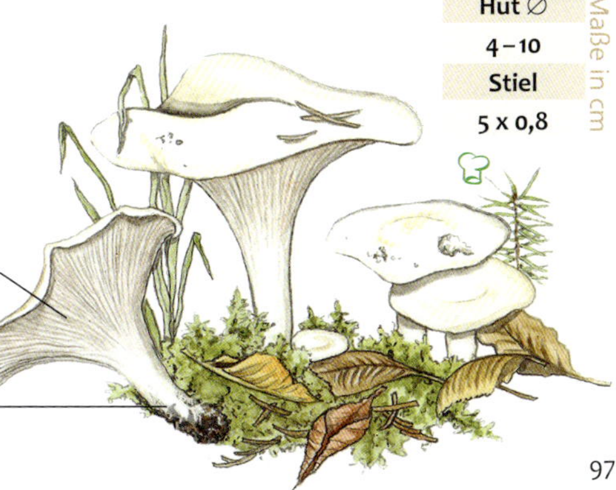

Rehbrauner Dachpilz *Pluteus cervinus*

Er wird auch Hirschbrauner Dachpilz genannt. Der Hut ist mehr oder weniger dunkel braun und schimmert oft seidig. Der ringlose Stiel ist weißlich und nicht fest mit dem Hutfleisch verbunden, er lässt sich wie an einer Sollbruchstelle aus diesem lösen. Die eng stehenden, freien Lamellen sind jung weißlich und im Alter durch das rosabraune Sporenpulver zunehmend fleischfarben. Dies beides sind sehr gute Merkmale, um ihn von ähnlichen Gattungen zu unterscheiden.

Geschmacklich gefällt er nicht jedem, doch da er recht häufig und relativ leicht zu erkennen ist, lohnt es durchaus einen Versuch, ob er dir gefällt. Außerdem hat er eine recht lange Vegetationszeit und ist auch bei Trockenheit noch zu finden.

Doppelgänger

Von den Dachpilzen ist der **Graue Dachpilz** (*Pluteus salicinus*) einer der wenigen schwach giftigen Arten. Sein Hut ist blassgrau bis graugrünlich. Die essbaren **Breitblättrigen Holzrüblinge** (*Megacollybia platyphylla*) und **Wurzelnden Schleimrüblinge** (*Xerula radicata*) haben entfernt stehende, angewachsene Lamellen und weißes Sporenpulver. Die essbaren **Weichritterlinge** (*Melanoleuca*) wachsen nicht auf Holz, sehen ansonsten jedoch recht ähnlich aus.

Hut ∅
4–8
Stiel
5 x 0,8

Maße in cm

Wo wächst er?

Von Mai bis November, meist jedoch im Herbst, auf morschem Laub- und seltener auch Nadelholz. Er wächst auch auf Rindenmulch und manchmal auf im Boden vergrabenem Holz - dann scheint er direkt auf dem Erdboden zu wachsen.

Brauner Rasling

Lyophyllum decastes

Wegen seines büscheligen Wachstums wird er auch Büschel-Rasling genannt. An diesem typischen Wuchs ist er leicht zu erkennen. Bei einzeln wachsenden Exemplaren ist es oft nicht einfach, diese kleinen, braunen Pilze richtig zu bestimmen, denn einige von den über 4000 Lamellenpilzen in Mitteleuropa sind recht ähnlich. Daher ist es gerade für Einsteiger ratsam, nur tatsächlich büschelig wachsende Raslinge zu sammeln. Der Hut kann hell- bis dunkelbraun sein. Im Alter und bei Trockenheit blasst er oft stark aus. Er ist relativ fleischig und hat eine kahle Huthaut. Die ringlosen Stiele sind schmutzig weißlich. Sie stehen büschelig mit vielen zusammen. Das feste Fleisch ist elastisch, im Stiel fast knorpelig und biegsam. Er ist auch als Mischpilz sehr gut geeignet und kann vielfältig zubereitet werden. Da an einem Standort viele Pilze auf einmal zu finden sind, ist er auch ein recht ergiebiger Speisepilz.

Doppelgänger

Typisch büschelig wachsende Exemplare sind gut kenntlich. Ebenfalls büschelig wachsen die **Weißen Raslinge** (*Lyophyllum connatum*) mit weißen Fruchtkörpern. Weiße Raslinge wirken mutagen, d.h. sind genschädigend. Es gibt zahlreiche braune, kleine Pilze. Daher solltest du diese Art nur sammeln, wenn sie auch tatsächlich in diesen typischen Büscheln wachsen.

Wo wächst er?

Von September bis November als Zersetzer an Wegrändern, im Grasland, auf dem Erdboden sowie in Laub- und Mischwäldern. Er hat keine besonderen Bodenansprüche und ist recht häufig. Meist hat er im Frühjahr von April bis Mai auch schon einen ersten Wachstumsschub.

Hut ∅
4–8
Stiel
5 x 0,8

Maße in cm

Wässriger Mürbling

Psathyrella piluliformis

Er wird auch Weißstieliges Stockschwämmchen oder Wässriger Saumpilz genannt. Meist wachsen viele Fruchtkörper büschelig zusammen, darum ist ein Fund recht ergiebig und bereichert jedes Mischpilzgericht. Er hat einen unauffälligen, aber angenehmen Geschmack und kann auch gut eingefroren werden. Zum Trocknen ist er nicht besonders gut geeignet.Der Name Mürbling beschreibt das zerbrechliche und wässrige Pilzfleisch.

Der Hut ist hygrophan, d.h. er wechselt je nach Feuchtigkeitsgehalt seine Farbe, von trocken lederfarben oder beigebraun bis zu dunkelbraun, wenn die Hüte feucht sind. Der Hutrand ist meist mit weißen Hüllresten behangen und am Rand fein gerieft. Der zerbrechliche, glatte Stiel ist weißlich und ringlos.

Doppelgänger

Er hat keine schwer kenntlichen, giftigen Doppelgänger und ist am ehesten mit büschelig auf Holz wachsenden Pilzen zu verwechseln, wie die ebenfalls essbaren **Behangenen Faserlinge** (*Psathyrella candolleana*) mit helleren und den essbaren **Schokoladenbraunen Faserlingen** (*Psathyrella spadicea*) mit dunkleren Hüten sowie dem ungenießbaren **Lederbraunen Faserling** (*Psathyrella conopilus*) mit auffallend langen Stielen. Beim Sammeln von Pilzen an Holz solltest du auf jeden Fall den **Gift-Häubling** (S. 135) kennen.

Wo wächst er?

Von September bis November meist auf Buchenstümpfen, aber auch auf anderen Laubhölzern.

Hut ∅
2–5
Stiel
6 x 0,5

Maße in cm

YouTube

Stockschwämmchen

Kuehneromyces mutabilis

Das Stockschwämmchen ist ein ausgezeichneter Speisepilz, das Suppen, Soßen und auch einzeln zubereitet den Speiseplan bereichert. Sein wissenschaftlicher Name „*mutabilis*" heißt so viel wie „veränderlich" und bezieht sich darauf, dass dieser Pilz sehr variabel ist. Diese Variabilität verdankt er vor allem seinem hygrophanen Hut, der je nach Feuchtigkeit meist in stark abgegrenzten Zonen heller und dunkler gelbbraun gefärbt ist. Die feinkörnige Gesamthülle geht beim Aufschirmen verloren und der Hut ist im Alter glatt. Die Teilhülle bleibt im Alter als Ring am Stiel zurück. Der Stiel ist im unteren Teil schuppig und wirkt wie mit einem Reibeisen aufgeraut. Dies ist ein sehr wichtiges Merkmal! Der Geruch ist angenehm pilzartig.

Doppelgänger

Es ist nur etwas für Pilzsammler, die auch den **Gift-Häubling** (S. 135) sicher erkennen, der ihm zum Verwechseln ähnlich sieht. Der Stiel liefert die besten Unterscheidungsmerkmale. Einzelne Hüte sind ohne Mikroskop oder Jodreaktion nicht sicher zu bestimmen. Auch **Schwefelköpfe** (S. 83 und 115) oder andere büschelig an Holz wachsende Arten wie **Weißstielige Stockschwämmchen** (links), **Hallimasch** (S. 82) oder **Schüpplinge** (S. 114) können für den Einsteiger ähnlich aussehen.

Wo wächst es?

Von April bis November auf totem Laubholz, im Gebirge auch auf Nadelholz. Die Hauptvegetationszeit ist jedoch im Herbst.

Hut ∅
5–8
Stiel
5 x 0,5

Maße in cm

Orangemilchender Helmling *Mycena crocata*

Er verrät oft schon an seinen orangenen Flecken auf dem Hut, dass er einen orangefarbenen Milchsaft enthält. Die meiste Milch steckt in der Stielbasis, sie ist meist mit einem weißen Myzelfilz behaart.

Helmlinge sind eine sehr große Gattung mit über 100 Arten. Als Speisepilze kommen diese kleinen Pilzchen nicht in Frage, auch wenn es unter den milchenden Arten keine ausgesprochenen Giftpilze gibt.

Diese Farben sind zum Malen und Schreiben geeignet und verblassen nicht. Allerdings sind diese „natürlichen Stifte" nicht nachfüllbar und enthalten insgesamt nicht allzu viel Farbe.

Doppelgänger

Der **Große Blut-Helmling** (*Mycena haematopus*) scheidet einen blutroten Saft aus. Die bis 3 cm breiten Hüte sind fleischrötlich bis purpurbräunlich. Er wächst ebenfalls von August bis Oktober auf Laub- und seltener einmal auch auf Nadelholz. Einen etwas wässrigeren, rosafarbenen Saft enthält der **Purpurschneidige Helmling** (*Mycena sanguinolenta*). Er riecht leicht nach Rettich und hat einen durchscheinend gerieften Hut mit dunklerer Mitte. Bei ihm lohnt es sich, auch die braunrot gefärbten Lamellenschneiden einmal mit der Lupe zu betrachten.

Wo wächst er?

Du findest diesen Helmling von August bis Oktober auf Laubhölzern, in Kalkgebieten ist er besonders häufig.

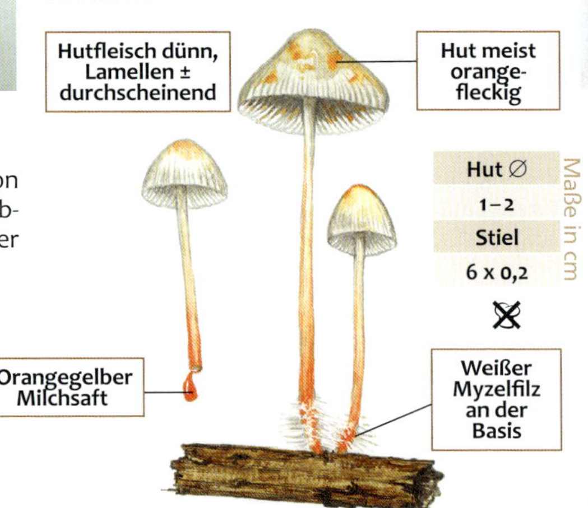

Dehnbarer Helmling

Mycena epipterygia

So klein Helmlinge sind, haben doch einige von ihnen bemerkenswerte Eigenschaften. Der Dehnbare Helmling wird auch Überhäuteter oder Gummi-Helmling genannt. Er ist ganz besonders auffällig – jedoch nicht auf den ersten Blick. Sein Hut und Stiel sind mit einem gummiartigen Belag überzogen. Du kannst ihn von beiden abziehen. Der Stiel der Helmlinge ist stets ringlos, meist hohl, ziemlich lang und zerbrechlich.

Doppelgänger

Einer der häufigsten Helmlinge, der dir im Wald in ganzen Büscheln an Laub- und Nadelholz begegnen wird, ist der **Rosablättrige Helmling** *(Mycena galericulata)*. Mit bis zu 6 cm breiten Hüten ist er nahezu ein Riese in dieser Gattung. Seinen Namen verdankt er den oft leicht rosafarbenen Lamellen. Beim **Buntstieligen Helmling** (*Mycena inclinata*) hat der Stiel einen sehr schönen Farbwechsel von weiß über gelborange bis zu dunkelbraun an der Basis. Die Hüte sind im Gegensatz dazu unscheinbar grau- bis beigebraun gefärbt. Einige andere Helmlinge haben einen charakteristischen Geruch nach Rettich, Chlor, Nitrat oder Mehl.

Wo wächst er?

Du findest diesen Zersetzer im Laub- und Nadelwald auf Holz und am Erdboden.

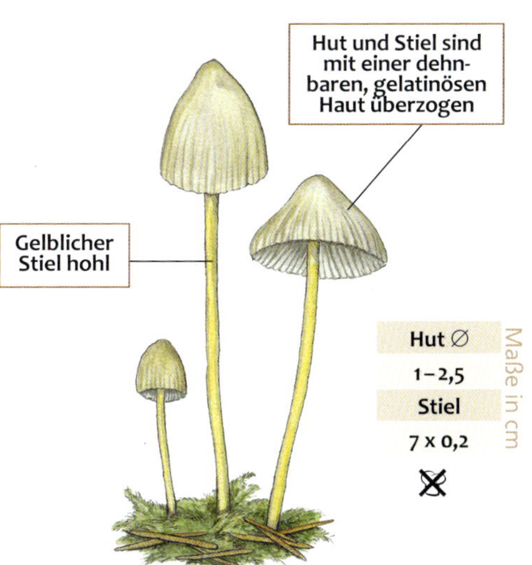

Hut ∅
1–2,5
Stiel
7 x 0,2

Maße in cm

Kegeliger Saftling

Hygrocybe conica

Saftlinge zaubern bunte Farbkleckse auf magere Wiesen. Sie vertragen keinen Dünger und alle ca. 50 Arten dieser Gattung sind im Bestand bedroht und geschützt. Der Kegelige Saftling wird auch Schwärzender Saftling genannt, dies bezieht sich auf die Eigenschaft seines Fleisches, im Alter und bei Verletzungen schwarz anzulaufen. Er ist einer der leicht Magen-Darm-giftigen Arten dieser Gattung, die Giftstoffe sind noch weitestgehend unbekannt. Der meist kegelige bis spitzgebuckelte Hut wirkt glasartig durchscheinend oder eingefettet, und das Fleisch ist dünn und zerbrechlich, daher kommt auch der Name „Glasköpfe“. Der ringlose Stiel ist ebenfalls brüchig und oft hohl. Typisch sind auch die wachsartigen und entfernt stehenden Lamellen. Das Sporenpulver ist weiß.

Er kann (wie andere schwarz anlaufende Saftlinge auch) zum Färben verwendet werden und liefert ungebeizt grüngraue Farbtöne. Er ist einer der häufigeren Saftlinge, steht jedoch auch unter Naturschutz.

Der bis 12 cm große **Granatrote Saftling** (*Hygrocybe punicea*) wird auch Größter Saftling genannt. Ähnlich ist auch der bis 6 cm große **Kirschrote Saftling** (*Hygrocybe coccinea*), beide verfärben sich im Alter nicht.

Wo wächst er?

Du findest ihn auf moosigen Wiesen und an grasigen Waldstellen auf mageren Standorten.

Grünspan-Träuschling

Stropharia aeruginosa

Wenn ein Pilz aussieht wie ein perfekter Rauschpilz, dann ist es für die meisten Sammler vermutlich der Grünspan-Träuschling. Doch tatsächlich ist umstritten, ob er rauscherzeugende Inhaltsstoffe besitzt oder nicht. In Mahlzeitmenge gilt er auch als Speisepilz, jedoch nicht als empfehlenswert. Die klebrige Huthaut sollte auf jeden Fall abgezogen werden. Wir lassen ihn lieber im Wald und uns von seinem Anblick berauschen.

Der 3-8 cm breite Hut ist blaugrün und mit weißen Velumflocken behangen, von der Mitte her blassen die Hüte im Alter zunehmend ockerbräunlich aus. Die Huthaut ist schleimig. Die angewachsenen Lamellen sind jung gräulich, mit zunehmender Reife des schwarzen Sporenpulvers werden sie dunkelviolett. Die Lamellenschneide bleibt stets heller. Der beringte Stiel hat ± Hutfarbe und kann innen hohl sein.

Verwechslungen sind mit dem **Blauen Träuschling** (*Stropharia caerulea*) möglich, dessen Ring weniger ausgeprägt ist und der meist nicht direkt an Holz, sondern auf lichten, nährstoffreichen Waldstellen vorkommt.

Wo wächst er?

Dieser Zersetzer wächst von Seprember bis November auf totem Laub- und Nadelholz, seltener auch am Boden oder auf Holzlagerplätzen.

Hut ∅
3–8
Stiel
8 x 1
☒

Maße in cm

Blasse Koralle

Ramaria mairei

Die Blasse Koralle ist Magen-Darm-giftig und wird auch Bauchweh-Koralle genannt. Die Vergiftungen treten meist 30-90 Minuten nach dem Verzehr auf und sind mit Durchfall verbunden. In der Regel sind sie nicht besonders schwerwiegend.

Sie hat blassgelbliche bis rosafarbene, 8-15 cm hohe Fruchtkörper, die nur ganz an der Spitze lilarötlich gefärbt sein können. Die aufrechten Äste entspringen einem gemeinsamen Strunk und sind mehrfach verzweigt. Korallen sind eine relativ schwer zu bestimmende Gruppe, unter denen es einige Magen-Darm-giftige oder ungenießbare Arten gibt. Ohne mikroskopische Merkmale ist die Bestimmung oft aussichtslos.

Als Pilze noch nicht ihr eigenes Reich hatten, wurden auch die Meereskorallen den Pflanzen (der Botanik) zugeordnet. Sie wurden als Unterwasserpilze bezeichnet und „Korallenschwämme“ genannt. Heute weiß man, dass diese Unterwassertiere mit den Pilzen im Wald nicht viel mehr gemein haben als ihre Gestalt.

Das Sporenpulver der Pilzfruchtkörper wird an der Oberfläche der Äste abgegeben und ist blassgelb.

Maße in cm

Hut ∅
10 – 15

Wo wächst sie?

Sie wächst vom Sommer bis zum Herbst. Als Mykorrhizapilz bevorzugt sie Laubbäume und kommt vor allem auf Kalkböden vor, seltener auch im Nadelwald. In Österreich und der Schweiz ist sie häufiger.

Kronenbecherling

Sarcosphaera coronaria

Becherlinge gehören zu den Schlauchpilzen. Die meisten Arten lassen sich ohne mikroskopische Merkmale nicht sicher bestimmen. Die meisten Arten wachsen auf dem Erdboden, es gibt aber auch einige auf Holz und auch auf Brandstellen. Wenn auch einige Arten, so wie der **Orangebecherling** (S. 37) als essbar bezeichnet werden, so enthält diese Gruppe doch keine bedeutenden Speisepilze.

Der Kronenbecherling ist einer der wenigen Giftpilze unter ihnen. Er ist vor allem roh stark giftig. Manche Personen verzehren ihn jedoch ohne Schaden nachdem sie ihn abkochen und das Kochwassers wegschütten. Wegen seiner Seltenheit sollte er ohnehin geschont werden.

Eine Besonderheit dieser Art ist, dass sich die Fruchtkörper zunächst kugelförmig im Erdboden entwickeln und später an der Oberfläche sternförmig aufbrechen und die violettbraune Innenfläche sichtbar wird. Die Fruchtkörper sind bis 8 cm breit und haben eine weißliche Außenseite. Die violette Innenfläche wird mit dem Alter zunehmend braun. Das Fleisch ist wachsartig und brüchig.

Maße in cm

Hut Ø
3 – 8

Wo wächst er?

Er wächst vom Frühjahr bis zum Spätsommer. Dieser Zersetzer gedeiht hauptsächlich auf Kalkböden und bevorzugt Nadel- und Mischwälder.

Gift-Lorchel

Gyromitra esculenta

Unter den Lorcheln gibt es keine Speisepilze. Sie zeichnen sich durch unregelmäßig gewundene Hüte und einen gekammerten Stiel aus. Dies unterscheidet sie von **Morcheln** (S. 34) mit hohlem Stiel und gleichmäßig wabenförmigem Hut. Die Gift-Lorchel ist die giftigste von ihnen. Sie kann dunkel rost- bis kastanienbraune Hüte haben. Von den über 500 bekannten Vergiftungen ist jede 7. tödlich verlaufen.

Dass sie roh sehr giftig ist, war auch früher bekannt. Sie galt lange als essbar und wurde als Marktpilz verkauft. Für den Verzehr wurde sie lange genug abgekocht oder getrocknet. Heute gilt sie als stark giftig. Das in den Pilzen vorhandene Lebergift ist flüchtig und entweicht beim Trocknen oder beim Kochen. Doch wie will man einer Pilzmahlzeit ansehen, ob sie noch Giftstoffe enthält oder nicht? Außerdem wird vermutet, dass es durch wiederholte Mahlzeiten zu einer Anreicherung der Giftstoffe im Körper kommen kann, die dann den Zerfall der roten Blutkörperchen und der inneren Organe bewirkt. Der Verlauf der Vergiftung ist dem durch Knollenblätterpilze sehr ähnlich. Der stark schwankende Wirkstoffgehalt und die unterschiedlichen Zubereitungen könnten Erklärungen dafür liefern, warum manche Personen jahrelang folgenfrei Lorcheln essen konnten, während andere schwere Vergiftungen erlitten.

Wo wächst sie?

Sie wird auch Frühjahrs-Lorchel genannt und wächst von März bis Mai in sandigen Kiefernwäldern und in Parkanlagen und meidet kalkhaltige Böden.

Hut ∅
5–10
Stiel
4 x 3

Maße in cm

Kartoffelbovist

Scleroderma citrinum

Genau gesagt, heißt er Dickschaliger Kartoffelbovist, denn es gibt auch einen Dünnschaligen Kartoffelbovist mit dünnerer, beim Anschneiden leicht rötender Außenhaut.

Die Fruchtkörper sind ockerbräunlich bis beigefarben und haben eine harte Außenhaut mit schuppig-rauer Oberfläche. Sie sind 5-10 cm groß, können aber in Ausnahmefällen auch bis zu 20 cm groß werden. Im Gegensatz zu Riesenbovisten und Stäublingen ist das Fleisch auch jung nicht reinweiß, sondern cremefarben und später schwärzlich. Zur Reifezeit ist es eine stäubende Sporenmasse, bei der die Sporen am Scheitel entlassen werden. Sie werden vom Wind verbreitet. Du solltest nicht zu viele von ihnen einatmen. Doch keine Angst: Wenn du einige davon in die Nase bekommst, so schadet das nicht. Der Geruch ist unangenehm stechend metallisch, dies wird beim Durchschneiden deutlich.

Der Dickschalige Kartoffelbovist ist giftig und der Verzehr verursacht Übelkeit und Verdauungsstörungen, in großer Menge auch Nervenschädigungen, die sich z.B. in (vorübergehender) Erblindung äußern. Nichtsdestotrotz sind mit ihm früher unerlaubterweise Trüffelprodukte gestreckt worden.

Wo wächst er?

Von Juli bis November in Misch- und Nadelwäldern. Er ist auch gerade in trockenen Jahren einer der häufigsten Pilze und bevorzugt eher saure, sandige und nicht zu feuchte Böden.

Maße in cm

Hut ∅
3 – 12

Gallenröhrling

Tylopilus felleus

Er wird auch **Bitterling** genannt, und auch der lateinische Name („*felleus* = gallenbitter“) weist auf seinen bitteren Geschmack hin. Ein versehentlich in die Pilzpfanne geratener Pilz kann eine ganze Mahlzeit verderben. Ob dieser Pilz Giftstoffe enthält, ist bislang noch nicht sicher erwiesen.

Typisch sind seine im Alter rosabraunen Röhren und das dunkle Netzmuster am Stiel. Da der Stiel ebenso bauchig sein kann wie bei **Steinpilzen** (S. 50), ist es besonders bei jungen Pilzen nicht immer einfach, sie optisch sicher zu unterscheiden. Wenn das weiße Netzmuster der Steinpilze gut ausgebildet ist und der Schwamm sich mit zunehmendem Alter – wie auch bei **Maronen-Röhrlingen** (S. 56)– olivgrün färbt, ist dies einfacher. Im Zweifelsfall hilft eine Geschmacksprobe. Meist erkennst du den bitteren Geschmack bereits beim Anlecken der Schnittstelle. Im Zweifelsfall schneidest du ein Stückchen vom Hut ab und kaust kurz darauf, bevor du es wieder ausspuckst.

Der Gallenröhrling kann zum Färben verwendet werden, die gelbbraunen Farbstoffe sind jedoch nicht sehr ergiebig.

Wo wächst er?

Von Juni bis Oktober vor allem auf sauren, nährstoffarmen Böden in Laub-, Misch- und Nadelwäldern. Er wächst in Lebensgemeinschaft mit verschiedenen Baumpartnern und ist sehr häufig. Wenn die Temperaturen im Herbst fallen, geht sein Wachstum zurück.

Schönfuß-Röhrling

Caloboletus calopus

Der 5-15 cm breite Hut ist beigefarben. Der Schwamm ist jung gelb und wird auf Druck leicht blau. Der Stiel ist oben gelber und zur Basis hin kräftig roter gefärbt, er trägt auf der ganzen Länge eine rote Netzzeichnung. Auf den hübschen Stiel bezieht sich auch der wissenschaftliche Name. "*Kalos*" bedeutet griechisch hübsch und „*pus*" heißt der Fuß.

Sein Geschmack ist ebenso wie der des **Gallenröhrlings** (links) bitter, und meist reicht das Anlecken der Schnittstelle, um die Bitterkeit wahrzunehmen.

Er hat ebenso wie der **Satans-Röhrling** (nächste Seite) einen hellen Hut, aber nicht dessen roten Schwamm. Daher kann er auch kaum mit **Hexenröhrlingen** (S. 51) oder **Steinpilzen** (S. 50) verwechselt werden. Dem **Wurzelnden Bitterröhrling** (*Caloboletus radicans*) fehlen die roten Farben, sein Fleisch läuft ebenso rasch blau an wie das der Hexenröhrlinge.

Die blauen Farben der blau anlaufenden Röhrlinge sind zum Färben leider nicht geeignet. Sie verschwinden ebenso wie beim Erhitzen bei der Zubereitung.

Hut ∅
5 – 15
Stiel
10 x 5

Maße in cm

Wo wächst er?

Er gedeiht von Juli bis Oktober im Laub- und Nadelwald, meist geht er eine Lebensgemeinschaft mit Rotbuchen oder Fichten ein. Er ist vor allem in den Gebirgslagen auf sauren Böden recht häufig.

Satans-Röhrling

Rubroboletus satanas

Seinen Namen verdankt er entweder den roten Farben von Stiel und Röhren oder den „satanischen Beschwerden“, die sein Verzehr verursachen kann. Er ist der giftigste Röhrling und besonders roh verzehrt verursacht er heftige Magen-Darm-Probleme. Tödliche Vergiftungen sind jedoch nicht bekannt.

Typisch ist der helle Hut, durch den du ihn nur schwer mit **Hexenröhrlingen** (S. 51) oder **Rotfuß-Röhrlingen** (S. 57) verwechseln kannst, die beide einen dunkleren Hut haben.

Der Stiel ist bauchig verdickt und von einem rötlichen Netzmuster überzogen. Oft ist er sehr kurz, so dass die Hüte nahezu dem Erdboden aufliegen und gerade auf steinigen Böden kaum auffallen. Die Röhrenmündungen sind auffällig rot. Das Fleisch verfärbt sich auf Druck und im Anschnitt im Gegensatz zu dem der Hexenröhrlinge nur schwach blau. Es schmeckt mild, so dass eine Geschmacksprobe im Gegensatz zu Gallen- und Schönfuß-Röhrlingen nicht weiterhilft.

Der Satans-Röhrling wurde früher auch als Heilmittel gegen Ruhr, Wechselfieber sowie Gallen- und Leberleiden verwendet. Heute kommt er nur noch in der Homöopathie zum Einsatz.

Wo wächst er?

Er ist von Juli bis September in Laubwäldern und Parkanlagen auf kalkhaltigen Böden zu finden. Er geht mit verschiedenen Laubbäumen eine Lebensgemeinschaft ein.

Hut ∅
15–25
Stiel
10 x 7

Maße in cm

Pfefferröhrling

Chalciporus piperatus

Er wird auch Pfeffriger Zwergröhrling genannt. Durch seinen pfeffrigen Geschmack ist er mit einer Geschmacksprobe sehr leicht zu erkennen. Die Verbindung, der er diese Schärfe und seinen wissenschaftlichen Namen verdankt, das Chalciporon, ist leicht flüchtig. Beim Trocknen oder Erhitzen verdampft es und der Pilz schmeckt eher fad bis unangenehm. Er ist daher nicht als Würz- sondern höchstens als Mischpilz geeignet. Dies hat jedoch den Vorteil, dass ein versehentlich in die Mahlzeit geratener Pfefferröhrling das Pilzgericht nicht verdirbt.

Der Pfefferröhrling hat mit dem Alter zunehmend grobe Poren und sieht daher vor allem dem **Kuh-Röhrling** (S. 54) ähnlich. Meist hat er aber einen schlankeren Stiel. Er verfärbt sich in der Pfanne auch nicht pinkfarben. Die Röhren sind erst orange und später rostbraun. Das Fleisch ist im Hut hell orangerosa und im Stiel chromgelb. **Schmarotzer-Röhrlinge** (S. 60) sind ebenfalls ähnlich, jedoch durch ihr Vorkommen an Kartoffelbovisten gut gekennzeichnet.

Der Pfefferröhrling enthält zahlreiche Farbstoffe und kann zum Färben von Wolle und Seide verwendet werden. Die Farben sind je nach Metallbeize gelblich bis orange oder grüngelb.

Wo wächst er?

Von August bis November im Nadel- und Mischwald unter Fichten und Kiefern.

Sparriger Schüppling

Pholiota squarrosa

Er wächst büschelig an Holz, und seine großen Fruchtkörper sehen sehr auffällig und ansprechend aus. Allerdings ist er ungenießbar bitter. Giftstoffe enthält er nicht.

Typisch sind die sparrig abstehenden Schuppen auf der Huthaut, denen er seinen Namen verdankt. Die Lamellen, der Hut und der Stiel sind mehr oder weniger ockerfarben. Er ist der klassische Doppelgänger des **Hallimaschs** (S. 82), im Gegensatz zu diesem besitzt er jedoch keine Weißanteile in seinen Farbtönen. Durch einen Sporenabdruck (S. 12) sind beide sehr leicht zu unterscheiden. Der Hallimasch hat weißes Sporenpulver, während der Sparrige Schüppling – wie alle Schüpplinge – braunes Sporenpulver besitzt. Dadurch werden die jung blassgelben Lamellen im Alter zunehmend braun. Auch der Ring wird mit zunehmendem Alter durch das herabfallende Sporenpulver braun gefärbt.

Der Sparrige Schüppling kann zum Färben verwendet werden und liefert gelbe Farbtöne.

Hut Ø
5–10
Stiel
10 x 1,5

Maße in cm

Wo wächst er?

Er ist ein Weißfäule-Erreger. Meist wächst er von September bis November büschelig am Grunde von lebenden Pappeln und Obstbäumen. Er kann jedoch auf sehr verschiedenen Laub- und Nadelhölzern vorkommen und ist in Mitteleuropa recht häufig.

Grünblättriger Schwefelkopf

Hypholoma fasciculare

Die jungen Pilzhüte der Schwefelköpfe erinnern an Zündhölzer, daher kommt ihr Name. Neben dem essbaren **Rauchblättrigen Schwefelkopf** (S. 83) gibt es noch zwei Arten, die ebenso büschelig an abgestorbenem Holz zu finden sind, der **Ziegelrote** (*Hypholoma lateritium*) und der Grünblättrige Schwefelkopf. Beide sind ungenießbar und Magen-Darm-giftig. Sie können zum Färben verwendet werden und liefern gelbliche Farbtöne.

Meist erkennst du den Grünblättrigen Schwefelkopf bereits an den grünen Farbtönen in den Lamellen. Bei jungen Schwefelköpfen sind die Lamellen von einem Schleier geschützt, im Alter geht er verloren. Manchmal sind am Rand der Hüte noch Schleierreste zu sehen. Der hohle Stiel ist ringlos. Dies ist ein gutes Unterscheidungsmerkmal zu den Schüpplingen (links) und Träuschlingen. Das Sporenpulver ist schwarzbraun. Dadurch werden die jung gelblichen Lamellen mit dem Alter zunehmend dunkler.Im Zweifelsfall kann auch eine Geschmacksprobe bei der Unterscheidung zwischen dem Grauen und dem Grünen Schwefelkopf helfen. Achtung! Ein **Gift-Häubling** (S. 135) muss vorher auf jeden Fall ausgeschlossen werden, da er einen milden Geschmack hat!

Hut ∅
2–6
Stiel
7 x 0,5

Maße in cm

Wo wächst er?

Während der Ziegelrote Schwefelkopf nur auf Laubhölzern wächst, ist der Grünblättrige Schwefelkopf nicht so wählerisch. Er kommt an Laub- und Nadelholz vor und ist ein sehr häufiger Pilz. An Laubhölzern können auch beide Arten wachsen

Falscher Pfifferling

Hygrophoropsis aurantiaca

Seinem Namen macht er alle Ehre, und er ist dem **Pfifferling** (S. 41) oft zum Verwechseln ähnlich. Sein weiterer Name Orangegelber Gabelblättling bezieht sich auf die mehrfach gegabelten Lamellen, die weit am Stiel herablaufen. Im Gegensatz zu den Leisten des Pfifferlings lassen sie sich leicht vom Hutfleisch lösen.

Der Falsche Pfifferling hat auch nicht den aromatischen Geschmack und Geruch des **Echten Pfifferlings**. Ein ausgesprochener Giftpilz ist er jedoch nicht. In großen Mengen genossen kann er Magen-Darm-Beschwerden hervorrufen. Ein versehentlich in der Pfanne gelandetes Exemplar kann unbedenklich mitgegessen werden.

Er ist recht variabel und besonders junge Pilze sind oft schwer zu erkennen. Der Hut ist im Vergleich zum Pfifferling dünnfleischig und die Oberfläche feinfilzig. Typisch ist der lange eingerollte Hutrand. Seine Farbe ist sehr variabel und reicht von blass gelb bis zu kräftig orange, wobei die Fruchtkörper mit dem Alter ausblassen. Das Sporenpulver ist weißlich.

Der Pilz kann zum Färben von Wolle und Seide verwendet werden, er liefert gelbbräunliche Farbtöne, die jedoch nicht sehr intensiv sind.

Hut ∅
3–7
Stiel
5 x 0,5

Maße in cm

Wo wächst er?

Von September bis November in Misch- und Nadelwäldern auf nährstoffarmen und eher sauren Böden. Er kann auch auf vermoderndem Holz und manchmal sogar auf Zapfen wachsen.

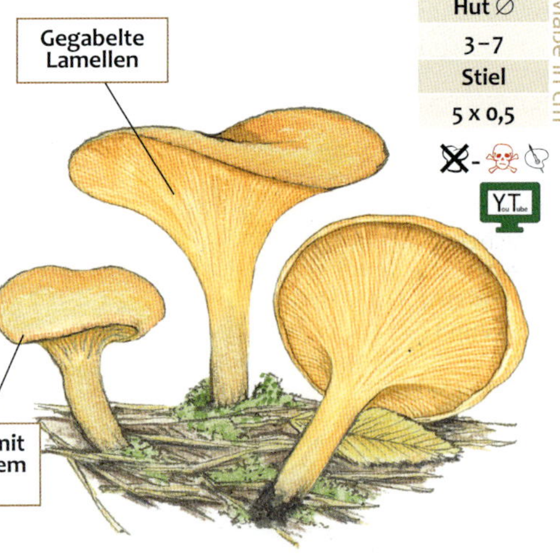

Karbol-Champignon

Agaricus xanthoderma

Die Bestimmung von Champignons ist bei über 50 Arten gar nicht so einfach. Um hier nicht ganz den Überblick zu verlieren, wenn es „nur“ um die kulinarische Verwertung geht, gibt es eine einfache Regel: Alle rötenden Arten sind essbar, und bei den gilbenden ist Vorsicht geboten: Die Karbol-Champignons können Magen-Darm-giftig sein und Verdauungsstörungen hervorrufen.

Sie sind meist an ihrem unangenehm karbolartigen Geruch (nach Tinte oder Desinfektionsmittel) zu erkennen, der beim Erhitzen noch stärker wird. Außerdem verfärbt sich die Knolle beim Ankratzen chromgelb.

Der Gewöhnliche Karbol-Champignon ist der häufigste von ihnen. Er hat einen weißen Hut, der oben meist etwas abgeflacht wirkt.

Der **Perlhuhn-Champignon** (*Agaricus moelleri*) ist einer der Karbol-Champignons mit bräunlichem Hut. Er ist ebenso giftig. Er ist ein Zersetzer, der von Juli bis Oktober in Mischwäldern zu finden ist.

Wo wächst er?

Er ist von Mai bis Oktober auf den gleichen Standorten zu finden wie der Wiesen-Champignon, d.h. in Wäldern, auf Wiesen sowie in Parks und Gärten.

Buchen-Spei-Täubling *Russula mairei*

Täublinge erkennt man unter anderem an ihrem aus kugeligen Zellen aufgebauten Fleisch. Innerhalb dieser Gruppe gibt es keine ausgesprochenen Giftpilze, so dass eine Geschmacksprobe gemacht werden kann, um die Speisepilze zu sammeln.

Leuchtende Farben dienen in der Natur oft der Abschreckung und Warnung. So, als ob Wespen und andere giftige Tiere ihren Fressfeinden zurufen würden: „Wenn du mich frisst, wird es dir schlecht ergehen!“ Auf einige Täublinge scheint dies auch zuzutreffen, allerdings nicht mit sehr viel Erfolg. Trotz all ihrer Warnfarben und ihres ungenießbaren Geschmacks belehren uns die zahlreichen Fraßspuren an den scharfen und bitteren Täublingen eines Besseren. Einige Wildtiere sollen sie sogar gezielt als Mittel gegen Würmer im Darm und als Heilmittel verspeisen. Für uns Menschen sind diese Arten viel zu scharf oder bitter. Die häufigsten sind vermutlich die Spei-Täublinge, so wie z.B. der Buchen-Spei-Täubling. Sie haben wunderschöne, leuchtend rote Hüte. Ihr lateinischer Name verrät auch ihre Wirkung, wenn sie ihrem scharfen Geschmack zum Trotz verspeist werden: Brechreiz erregend. Homöopathisch werden sie entsprechend dem Motto „Gleiches mit Gleichem behandeln“ gegen Erbrechen und Schwindel verabreicht.

Weder Knolle noch Gesamt- oder Teilhülle (Ring)

Wo wächst er?

Er wächst meist in Partnerschaft mit Buchen, bevorzugt im Buchen- und Laubwald auf kalkhaltigen Böden.

Goldflüssiger Milchling *Lactarius chrysorrheus*

Milchlinge gehören ebenfalls zu den Sprödblättlern mit aus kugeligen Zellen aufgebautem Fleisch. Zusätzlich milchen sie bei Verletzung. Genauso wie bei den Täublingen gibt es auch unter den Michlingen ungenießbar scharfe und bittere. Da es hier ebenfalls keine ausgesprochenen Giftpilze gibt, kann eine Geschmacksprobe gemacht werden, um die Speisepilze zu sammeln. Bei uns gelten die scharfen und bitteren Arten nicht als Speisepilze, doch in Nord- und Osteuropa werden sie entbittert und vielfältig zubereitet. Neben dem Speisewert waren auch weitere Eigenschaften von Interesse. 1921 meldete Dr. Georg Braunhübner ein Lederputzmittel aus Pilzen und Pilzrückständen dieser scharfen Milchlinge als Patent an. Heute ist dies nahezu in Vergessenheit geraten.

Die Milch des Goldflüssigen Milchlings ist erst weiß und wird innerhalb von Sekunden schwefelgelb. Sie schmeckt bitter und brennend scharf. Der Hut ist konzentrisch gezont, zum Rand hin fleckig und etwas silbrig bereift. Die Mitte ist meist trichterförmig vertieft und der Hutrand ist lange eingebogen.

Hut ∅
5–10
Stiel
5 x 1

Maße in cm

Wo wächst er?

Er wächst in Lebensgemeinschaft mit Eichen, zum Süden hin auch mit Esskastanien. Sie sind mit der Eiche eng verwandt und lösen diese in Richtung Süden mehr und mehr ab.

Falten-Tintling

Coprinopsis atramentaria

Die Lamellen des Falten-Tintlings sind jung bereits grau, und der ebenfalls graue bis graubraune Hut wirkt eingefaltet, daher sein Name. Sein weiterer Name Knoten-Tintling bezieht sich auf die knotenartige Verdickung im unteren Teil des ringlosen Stiels.

Sein Genuss wirkt in Verbindung mit Alkohol giftig, daher wird er auch als „Antialkoholikerpilz" bezeichnet. Diese Art der Vergiftung wird auch Antabus-Syndrom genannt. Der Giftstoff, das Coprin, hemmt den Abbau des Alkohols, so dass der Körper mit einem Zwischenprodukt, dem Acetaldehyd, vergiftet wird. Dabei kommt es 15 Minuten bis 4 Stunden nach der Mahlzeit zu Gesichtsrötung mit blasser Nasenspitze und Ohrläppchen, Pupillenerweiterung, Durst, Schweißausbruch, Herzklopfen, bis hin zu Krämpfen und Atemnot. Nach einigen Stunden klingen die Symptome wieder ab. Diese Wechselwirkung kann man nur sicher vermeiden, wenn 2 Tage vor und mindestens 3 Tage nach der Mahlzeit kein Alkohol getrunken wird.

Der **Schopf-Tintling** (S. 71) hat jung rein weißes Fleisch und eine schuppige Hutoberfläche. Der **Glimmer-Tintling** (*Coprinellus micaceus*) ist (besonders jung) mit glimmerigen Körnchen überzogen.

Wo wächst er?

Er wächst als Zersetzer meist büschelig in Laub- und Mischwäldern und auf vergrabenem Holz.

Hut ∅
4 – 8
Stiel
10 x 1

Maße in cm

Tonblasser Fälbling

Hebeloma crustuliniforme

Die Fälblinge sind allesamt keine Speisepilze. Sie verdanken ihren Namen den falben, eintönigen Farben, die an Milchkaffee erinnern. Der wissenschaftliche Name setzt sich aus dem griechischen Wort „*hebe*“ für „Flaum“ und „*loma*“ für „Rand“ oder „Saum“ zusammen und bezieht sich auf den meist mit Schleierresten behangenen Hutrand. Die Schleierreste am Hutrand sind bei jüngeren Fruchtkörpern besonders gut zu sehen. Ohne Berücksichtigung mikroskopischer Merkmale sind die meisten Arten nicht zu bestimmen. Der Geruch liefert ebenfalls wichtige Merkmale für die Bestimmung.

Beim Tonblassen Fälbling ist er rettichartig, er wird auch Kleiner Rettich-Fälbling genannt. Die Lamellen sind reif typisch milchkaffeebraun. Besonders frische und junge Fruchtkörper sondern an den Lamellen milchweiße Tröpfchen ab. Dies wird als „tränend“ bezeichnet. Hier bilden sich dann durch das daran haftende Sporenpulver bräunliche Punkte. Bei trockenen Pilzen sind dann nur noch die Punkte zu sehen und die Tropfen fehlen. Das Sporenpulver ist lehmbraun und die Sporen in der Regel warzig.

Wo wächst er?

Dieser Mykorrhizapilze wächst von August bis November in Lebensgemeinschaft mit verschiedenen Baumarten.

Rettich-Helmling

Mycena pura

Dieser Giftpilz ist klein und zierlich und wohl am ehesten mit Lacktrichterlingen zu verwechseln. Seinen Namen verdankt er dem mehr oder weniger ausgeprägten Geruch nach Rettich. Der Hut von typischen Exemplaren ist violett. Die Pilze sind sehr variabel und hygrophan, d.h. je nach Feuchtigkeitsgehalt heller (trocken) oder dunkler (feucht) gefärbt. Daher kann auch ein Farbwechsel vom Rand zum Zentrum zu sehen sein. Die Lamellen sind weißlich und das Sporenpulver ist ebenfalls weiß. Hut und Stiel sind dünnfleischig und zerbrechlich. Der ringlose Stiel wird im Alter zunehmend hohl.

Der Pilz enthält Muskarin und ist giftig, der Wirkstoffgehalt scheint jedoch zu schwanken, und so wird die Stärke der Vergiftung unterschiedlich eingeschätzt. Tödliche Vergiftungen sind nicht nachgewiesen. Typisch für das Muskarin-Syndrom sind starke Schweißausbrüche und Pupillenverengung. Meist treten sie bereits eine halbe bis zwei Stunden nach der Mahlzeit in Verbindung mit heftigen Magen-Darm-Beschwerden und auch weiteren Symptomen auf.

Der **Rosa Rettich-Helmling** (*Mycena rosea*) wird von einigen Autoren als Farbvariante und von anderen als eigenständige Art beschrieben.

Wo wächst er?

Der Rettich-Helmling ist einer der häufigsten Pilze in unseren Laub- und Nadelwäldern. Er ist ein Zersetzer ohne besondere Bodenansprüche. Er gedeiht von Mai bis November.

Hut ∅
2–5
Stiel
6 x 0,5

Maße in cm

Fliegenpilz *Amanita muscaria*

Es gibt wohl kaum einen Pilz, der so bekannt ist. Dazu sorgt er für viel Verwirrung. Ist er nun giftig oder nicht? Vielleicht hast du schon von Personen gehört, die ihn schadlos verzehrt haben, z.B. in Kriegsgefangenschaft oder bei rituellen Zeremonien. Seinen Namen verdankt er der Tatsache, dass mit Zucker und Milch übergossene Fliegenpilzstücke als Fliegenfalle ausgelegt wurden (*musca* = lat. Fliege). Vermutlich waren die Fliegen von dem Cocktail jedoch eher betäubt als tot. Der Fliegenpilz ist für die Schamanen ein begehrter Pilz gewesen. Sein Name könnte auch auf die berauschende Wirkung zurückzuführen sein (die mit einem Gefühl des Fliegens verbunden sein kann). Für die Vergiftung, das Pantherina-Syndrom, sind neben den Magen-Darm-giftigen Wirkstoffen auch Substanzen verantwortlich, die Rauschzustände hervorrufen. Auch in der Medizin hat man sich dieses Pilzes bedient. Heute findet er nur noch in der Homöopathie Anwendung.

Typisch sind die weißen Flocken auf dem Hut, die als Reste der Gesamthülle zurückbleiben, der Ring und die dicke Knolle. Wenn die Flocken vom Regen abgewaschen sind, kannst du den Fliegenpilz immer noch sicher daran erkennen, dass das weiße Fleisch direkt unter der Huthaut gelb ist.

Wo wächst er?

Von August bis November im Laub- und Nadelwald, wo er vor allem mit Birken und Fichten eine Lebensgemeinschaft eingeht. Da er die gleichen ökologischen Ansprüche hat wie Echte Steinpilze, gilt er als Steinpilz-Zeiger.

Hut ∅
7–15
Stiel
10 x 2

Maße in cm

Blutblättriger Hautkopf *Cortinarius semisanguineus*

Die Farbstoffe (Anthrachinone) der Hautköpfe sind sehr intensiv und wunderbar zum Färben geeignet. Diese Farbstoffe sind Magen-Darm-giftig, der Hautkontakt ist jedoch ungefährlich.

Die Hautköpfe erkennst du am besten beim Blick unter den Hut, denn ihre Lamellen sind leuchtend gefärbt. Von oben sind die 2-6 cm breiten und mehr oder weniger braunen Hüte nicht immer einfach zu erkennen. Der Blutblättrige Hautkopf ist einer der häufigsten von ihnen. Er liefert sehr schöne, rote Farben. Du erkennst ihn an dem starken Kontrast zwischen den blutroten Lamellen und dem zimtfarbenen Hut. Der Stiel ist gelbbräunlich. Das Fleisch ist gelblich und der Geruch rettichartig. Die Hüte sind von einer Hülle (Cortina) umgeben. Diese ist allerdings spinnwebfein und so zart, dass sie leicht übersehen wird. An jungen Fruchtkörpern ist sie am besten zwischen Hutrand und Stiel zu erkennen.

Ähnlich und ebenfalls zum Färben geeigent ist auch der **Gelbblättrige Hautkopf** (*Cortinarius croceus*) und der **Zimt-Hautkopf** (*Cortinarius cinnamomeus*), sie sind mehr gelblich bis orangefarben, vor allem in den Lamellen. Der **Blutrote Hautkopf** (*Cortinarius sanguineus*) hat neben den roten Lamellen auch einen roten Hut.

Wo wächst er?

Du findest ihn im Nadel- und Mischwald, er lebt meist in Symbiose mit Fichten.

Hut ∅
2–6
Stiel
6 x 0,7

Maße in cm

Feld-Trichterling

Clitocybe quisquiliarum

Unter den ca. 70 Trichterlingen gibt es sehr viele giftige Arten, wie den Feld-Trichterling, und kaum essbare Arten, wie den **Grünen Anis-Trichterling** (S. 91). Die Vergiftung äußert sich in dem sogenannten Muskarin-Syndrom. Dabei kommt es meist in den ersten zwei Stunden nach der Mahlzeit zu starken Schweißausbrüchen, Magen-Darm-Beschwerden und Pupillenverengung. Leichte Vergiftungen klingen auch ohne Therapie nach 2 Stunden wieder ab, schwere Vergiftungen halten bis zu 24 Stunden an. Eine sehr hohe Dosis kann bei geschwächten Personen durch Kreislaufversagen tödlich enden. Ein wirksames Gegenmittel ist das Atropin aus der Tollkirsche.

Typisch sind für die meisten Arten der Trichterlinge die weit am Stiel herablaufenden Lamellen, denen viele von ihnen ihre trichterförmige Gestalt verdanken. Der Geruch des Feld-Trichterlings ist mehlartig bis spermatisch oder unauffällig, aber nie anisartig. **Bleiweiße Firnis-Trichterlinge** (*Clitocybe phyllophila*) und **Rinnigbereifte Trichterlinge** (*Clitocybe rivulosa*) sehen ähnlich aus und verursachen ähnliche Symptome. Sie wachsen im Herbst oft in ähnlichen Hexenringen wie **Nelken-Schwindlinge** (S. 93) und können auch **Mehl-Räslingen** (S. 97) ähnlich sehen. Letztere sind eindeutig durch das weiße Sporenpulver aller Trichterlinge zu unterscheiden.

Wo wächst er?

Dieser Zersetzer wächst in Rasenflächen, an Waldwegen und im Wald.

Hut ∅
2–5
Stiel
5 x 0,5

Maße in cm

☠

Kahler Krempling

Paxillus involutus

Früher wurde er auch Speckpilz genannt, verzehrt und auf dem Markt gehandelt. Da auch nach sachgemäßer Zubereitung Todesfälle aufgetreten sind, gilt er heute als Giftpilz. Bei der als Paxillus-Syndrom bezeichneten Vergiftung handelt es sich vermutlich um Überempfindlichkeitsreaktionen, von denen nicht jeder betroffen sein muss. Der Wirkstoff konnte bislang nicht nachgewiesen werden, aber es scheint eine Sensibilisierung mit allergischer Spät-Reaktion vorzuliegen. Erst nach wiederholten Kremplingsmahlzeiten von Personen, die bis dahin problemlos diese Pilze verzehrt haben, führte das Versagen der inneren Organe schließlich zum Tod. Die Wirkstoffe scheinen auf das Immunsystem zu wirken. Auch wenn im ausreichend erhitzten Pilz kein Gift mehr nachgewiesen werden konnte, sollte diese Art auf jeden Fall gemieden werden, auch wenn es noch viele offene Fragen zu dieser Art der Pilzvergiftung gibt.

Typisch ist der lange umgekrempelte Hutrand, dem er seinen Namen verdankt. Das Fleisch läuft auf Druck braun an und die Lamellen laufen am Stiel herab. Das Sporenpulver ist braun. Ein weiteres Merkmal sind die nicht fest mit dem Hutfleisch verbundenen Lamellen.

Hut ∅
5–10
Stiel
7 x 2

Maße in cm

Wo wächst er?

Er wächst von August bis November in Partnerschaft mit verschiedenen Laub- und Nadelbäumen. Er ist in den meisten Wäldern weit verbreitet und hat keine besonderen Bodenansprüche.

Tiger-Ritterling

Tricholoma pardalotum

Entgegen seinem Namen hat er einen stahlgrauen bis graubräunlichen Hut mit fleischiger Mitte und konzentrischer, dunklerer Schuppung. Dieses Muster erinnert an das Fell von Tigern. Der Hut ist 4-10 cm breit und die weißlichen Lamellen können jung tränen, d.h. Tropfen absondern. Sie sind ausgebuchtet angewachsenen („Burggraben"). Der Geruch und Geschmack ist mehlartig und das Fleisch unveränderlich weiß. Das Sporenpulver ist weiß.

Er hat einen angenehm mehlartigen Geruch und Geschmack und ist daran nicht als Giftpilz zu erkennen.

In einigen Gebieten werden **Erd-Ritterlinge** als Speisepilze gesammelt. Dort ist es ganz wichtig, den Tiger-Ritterling zu kennen! Er ist stark Magen-Darm-giftig und führt meist schon kurz nach der Mahlzeit zu heftigem Brechdurchfall, der bei geschwächten Personen schon zum Tode geführt hat.

Erd-Ritterlinge sind dünnfleischiger und haben keinen Mehl-Geruch. Ähnlich ist auch der ebenfalls giftige **Schärfliche Ritterling** (*Tricholoma sciodes*).

Hut ∅
4 – 10
Stiel
8 x 3

Maße in cm

Wo wächst er?

Von August bis Oktober in Laub- und Nadelwäldern auf Kalkböden, besonders in der Nähe von Rot-Buchen und Eichen sowie unter Tannen und Fichten, mit denen er eine Lebensgemeinschaft eingeht. Er ist besonders in Süddeutschland, der Schweiz und Österreich weit verbreitet, im Norden ist er seltener.

Riesen-Rötling

Entoloma sinuatum

Es ist ein ± kompakter Pilz mit 5-15 cm breitem, ± lederfarbenen Hut. Typisch sind die jung bereits gelblichen Lamellen und der mehlartige Geruch.

Er führt in Süddeutschland und der Schweiz häufig zu Vergiftungen, da er dort häufiger vorkommt. Die Magen-Darm-wirksamen Giftstoffe verursachen meist schon kurz nach der Mahlzeit Durchfall und Erbrechen. Normal verläuft die Vergiftung in Mahlzeitmenge ohne Folgeschäden und ist nach 1-2 Tagen ausgestanden. Bei geschwächten Personen kann der Verzehr allerdings auch tödlich enden.

Rötlinge verdanken ihren Namen dem rosabräunlichen Sporenpulver. Daher nehmen ihre jung oft weißlichen Lamellen mit zunehmendem Alter auch immer mehr diese Farbe an. Anhand des Sporenpulvers können sie sehr gut von **Nebelkappen** (S. 89) oder **Maipilzen** (S. 92) unterschieden werden. Im Gegensatz zu den **Dachpilzen** (S. 98) sind Hut und Stiel fest miteinander verwachsen und die Lamellen nicht frei. Dieses Merkmal und die Sporenpulverfarbe haben sie mit dem **Mehl-Räsling** (S. 97) allerdings gemeinsam, so dass dieser besonders ähnlich ist. Mikroskopisch sind sie durch die unterschiedliche Sporenform sehr leicht zu unterscheiden.

Wo wächst er?

Er wächst von August bis Oktober in Laubwäldern auf Kalkböden. Typisch sind die jung bereits gelblichen Lamellen und der unangenehme Geruch.

Ziegelroter Risspilz

Inocybe erubescens

Er hat einen kegeligen Hut, der erst weißlich bis strohfarben und im Alter und bei Verletzung ziegelrot anläuft. Der Geruch ist jung obstartig und später spermatisch und nie mehlartig.

Der Verzehr verursacht eine starke Muskarin-Vergiftung mit starken Schweißausbrüchen. Sie treten oft in Verbindung mit heftigen Magen-Darm-Beschwerden, meist auch Speichel- und Tränenfluss und engen Pupillen auf. Milde Vergiftungen klingen auch ohne Therapie nach 2 Stunden ab, schwere Vergiftungen halten bis zu 24 Stunden an. Bei Verzehr einer sehr großen Menge können geschwächten Personen durch Kreislaufversagen sterben. Typisch für die ganze Gattung sind die Hüte mit der beim Aufschirmen radial einreißenden Hutoberfläche, der sie ihren Namen verdanken. Die Lamellen sind angewachsen, und der ringlose Stiel ist fest mit dem Hutfleisch verbunden. Das Sporenpulver ist erdbraun. Dadurch kann man sie sehr gut von **Champignons** (S. 86) mit schwarzbraunem, **Mai-Ritterlingen** (S. 92) und **Nelken-Schwindlingen** (S. 93) mit weißem und **Zigeunern** (S. 84) mit rostbraunem Sporenpulver unterscheiden.

Hut ⌀
5–10
Stiel
8 x 1

Maße in cm

Wo wächst er?

Er wächst von Juni bis Oktober in Symbiose mit verschiedenen Baumarten im Laub- und Nadelwald auf Kalkböden. Häufig findet man ihn auch in Parkanlagen mit altem Baumbestand.

Fleischrötlicher Schirmling *Lepiota helveola*

In der Gattung Schirmling gibt es einige tödlich giftige Vertreter. Sie sind im Gegensatz zu den essbaren **Safranschirmlingen** (S. 73) und **Parasolpilzen** (S. 72) zierlicher. Doch der größte dieser kleinen Schirmlinge, der **Spitzschuppige Schirmling** (*Lepiota aspera,* oberes Foto) ist einer der größten und recht häufigen Vertreter. Er kann durchaus einmal so groß sein, wie der kleinste Vertreter dieser Speisepilze. Sein Ring ist wattig und der Geruch eher säuerlich. Alle Schirmlinge haben stets einen angewachsene Ring, während er bei Safranschirmlingen und Parasolpilzen verschiebbar ist.

Der **Stink-Schirmling** (*Lepiota cristata,* Foto in der Mitte) ist recht häufig. Er verdankt seinen Namen dem unangenehm leuchtgasartigen Geruch. Der ungenießbare **Wollstiel-Schirmling** (*Lepiota clypeolaria,* Foto unten) ist an seinem wolligen Stiel zu erkennen.

Wenn die kleinen Schirmlinge keinen charakteristischen Geruch, wolligen Stiel o.Ä. haben, ist es oft unmöglich, sie ohne Mikroskop auseinander zuhalten. Da es tödlich giftige unter ihnen gibt, wie beispielsweise den **Fleischrötlichen Schirmling** (*Lepiota helveola,* Zeichnung), ist hier auf jeden Fall Vorsicht geboten!

Hut ∅
5 – 8
Stiel
5 x 1

Maße in cm

Wo wächst er?

Alle Schirmlinge sind – ebenso wie die Safranschirmlinge und Parasolpilze – Zersetzer.

Pantherpilz *Amanita pantherina*

Er ist stark giftig und verrät sich nicht durch einen unangenehmen Geschmack. Die Giftstoffe bewirken das sogenannte Pantherina-Syndrom. Es äußert sich vor allem in einer Störung des zentralen Nervensystems und des Magen-Darm-Traktes. Ab 100 g Frischpilzen kann die Vergiftung lebensbedrohlich sein. Früher wurden die getrockneten Huthäute für eine psychotrope Wirkung verwendet.

Er ist der klassische Doppelgänger des **Perlpilzes** (S. 96). Im Gegensatz zu diesem rötet sein Fleisch jedoch nicht. Daher ist er dem **Grauen Wulstling** (*Amanita excelsa*) noch ähnlicher, so dass auch dieser als Speisepilz nicht empfehlenswert ist. Von Perlpilzen und Grauen Wulstlingen unterscheidet sich der Pantherpilz durch den glatten Ring und den gerieften Hutrand. Beim Perlpilz und Grauen Wulstling liegt die Teilhülle jung sehr eng an den Lamellen an, so dass sich diese als Rillen auf dem Ring abzeichnen. Beim Pantherpilz dagegen ist der Hutrand jung eingerollt, so dass sich die Lamellen auf dem Hutrand und nicht auf dem Ring abzeichnen. Die Knolle ist scharf vom Stiel abgesetzt, was gerne als „Bergsteigersöckchen" beschrieben wird. Alle drei gehören in die Gattung der Wulstlinge und besitzen weiße, freie Lamellen und weißes Sporenpulver, sowie eine Teil- und Gesamthülle (S. 16).

Wo wächst er?

Von Juli bis Oktober in Laub- und Nadelwäldern in Lebensgemeinschaft mit verschiedenen Baumarten.

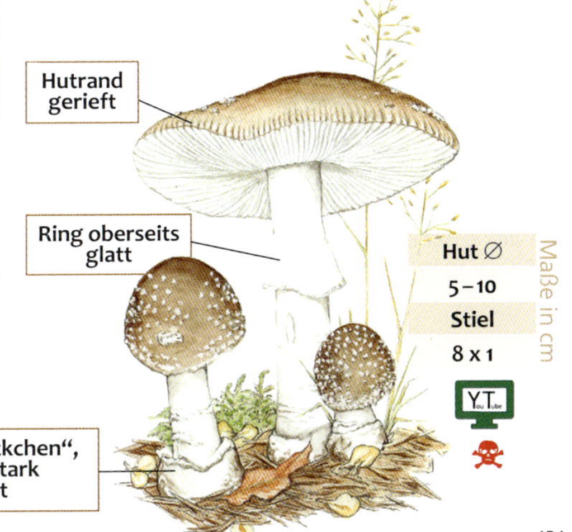

Hut ∅
5–10
Stiel
8 x 1

Maße in cm

Y.T.

Schleierlinge *Cortinarius*

Schleierlinge sind mit über 500 Arten allein in Deutschland eine der artenreichsten Gattungen. Unter ihnen befinden sich kaum Speisepilze und die Unterscheidung ist oft schwierig. Ihren Namen verdanken sie dem spinnwebartigen Schleier (*Cortina*), der vom Stiel bis zum Hutrand reicht und nach dem Aufschirmen des Hutes meist als faseriger Rest am Stiel zurückbleibt. Er verdeckt jung die Lamellen und ist dann besonders gut zu sehen. Das Sporenpulver ist rostbraun und die Lamellen sind angewachsen, d.h. der Hut ist fest mit dem Stiel verbunden. Sie werden in verschiedene Untergruppen eingeteilt, die so schöne Namen bekommen haben wie Wasser- und Schleimköpfe, Rau- und Hautköpfe sowie Klump-, Schleim-, Dick- und Gürtelfüße.

Der **Erdigriechende Schleimkopf** (*Cortinarius variecolor*, oben) ist einer der vielen Arten mit mehr oder weniger violetten Farben. Der giftige **Rettich-Gürtelfuß** (*Cortinarius evernius*, Mitte) ist einer der zierlichen Arten, die nicht mit **Lacktrichterlingen** (S. 87) verwechselt werden dürfen. Der giftige **Schöngelbe Klumpfuß** (*Cortinarius splendens*, unten und Zeichnung) hat einen unangenehm pfefferartigen Geruch. Im Gegensatz zum **Zigeuner** (S. 84) mit Ring am Stiel hat er (wie alle evtl. ähnlichen Schleierlinge) höchstens feine Schleierreste am Stiel.

Wo wächst er?

Alle Schleierlinge wachsen in Partnerschaft mit verschiedenen Bäumen (Mykorrhiza).

Hut ∅
4–6
Stiel
4 x 1

Maße in cm

Orangefuchsiger Raukopf *Cortinarius orellanus*

Er ist nicht so stark gebuckelt wie der **Spitzgebuckelte Raukopf** (nächste Seite) und hat einen etwas dunkleren, filzig-samtigen Hut. Die Mitte kann breit gebuckelt sein. Die erst orangegelben und später rostbraunen Lamellen sind am Stiel angewachsen. Der Schleier (Velum) ist kaum sichtbar. Das Fleisch ist blass gelblich und enthält kaum Anthrachinone. Der Geruch ist schwach rettichartig. Er ist tödlich giftig, und die Verwechslung ist besonders gefährlich, weil die Beschwerden erst Tage nach der Mahlzeit auftreten, wenn die Nieren bereits irreparabel geschädigt sind.

Er hat 1952 in Polen zu einer Massenvergiftung geführt. Dadurch wurde diese Art der Vergiftung überhaupt erst entdeckt. Durch die meist extrem lange Zeit von 3 bis 14 Tagen zwischen der Mahlzeit und den ersten Beschwerden wurde der Zusammenhang mit der Pilzmahlzeit vermutlich erst so spät aufgeklärt. 1979 gelang es Antkowiak und Gessner erstmals, den Wirkstoff, das Orellanin, in einigen Schleierlingen nachzuweisen. Es kommt in diesen beiden Arten vor, allerdings auch in anderen Schleierlingen wie z.B. dem Schöngelben Klumpfuß (links). Besonders jung können sie kleinen **Pfifferlingen** (S. 41) ähneln.

Wo wächst er?

Er ist meist von Juli bis Oktober in wärmeren Lagen im Laub- und Mischwald zu finden.

Hut ∅
3–8
Stiel
8 x 1

Maße in cm

Spitzgebuckelter Raukopf *Cortinarius speciosissimus*

Er sieht sehr hübsch und niedlich aus und hat es doch „faustdick hinter den Ohren“. Der Verzehr ist tödlich giftig, und die Verwechslung ist besonders gefährlich, weil die Beschwerden erst Tage nach der Mahlzeit auftreten, wenn die Nieren bereits irreparabel geschädigt sind (das sog. Orellanus-Syndrom, siehe S. 133). Besonders jung können die Fruchtkörper kleinen **Pfifferlingen** (S. 41) ähneln.

Der Spitzgebuckelte Raukopf hat einen leuchtend orangebraun gefärbten Hut mit feinfilziger Oberfläche und meist spitzem Buckel. Die Lamellen stehen etwas entfernt und sind breit angewachsen. Die zimt- bis rostbräunlichen Lamellen stehen etwas entfernt und sind breit angewachsen. Der Stiel hat ± Hutfarbe und ist durch das strohgelbe Velum genattert. Das Fleisch ist gelblich und im Stiel etwas bräunlich, es enthält kein Anthrachinon (wie die ähnlichen **Hautkörpe**, S. 124). Dies kannst du testen, indem du den Pilz der Länge nach aufschneidest und auf ein mit Spiritus getränktes Taschentuch drückst: beim Hautkopf lösen sich die Farbstoffe, so dass ein farbiger Abdruck zurückbleibt. Der Geruch ist schwach rettichartig.

Wo wächst er?

Dieser Mykorrhizapilz wächst meist bei Fichten. Er ist von August bis Oktober im Nadelwald auf sauren Böden zu finden, auch zwischen Trompetenpfifferlingen.

Gift-Häubling

Galerina marginata

In älteren Pilzbüchern steht noch geschrieben, dass es unter den auf Holz wachsenden Arten keine Giftpilze gibt. Doch weit gefehlt. Dieser Pilz belehrt uns eines Besseren. Bereits eine Mahlzeit mit 100-150 g Frischpilzen kann tödlich enden. Du musst ihn unbedingt kennen, wenn du **Stockschwämmchen** (S. 101), **Schwefelköpfe** (S. 83) oder **Hallimasch** (S. 82) sammeln möchtest.

Erkennen kannst du ihn an dem meist zweifarbigen Hut. Diese Zweifarbigkeit entsteht dadurch, dass die Pilzhüte außen und im Zentrum unterschiedlich viel Wasser enthalten und vom Rand her eintrocknen. Die Hüte von **Stockschwämmchen** sind ebenfalls hygrophan (so nennt man das) und können genauso aussehen. Sie haben allerdings nicht so einen glatten, weiß-faserigen Stiel wie die Gift-Häublinge. Ihr Stiel wirkt wie mit einem Reibeisen aufgeraut. Einen Ring tragen sie beide. Wenn du eine gute Nase hast, kannst du sie auch am Geruch unterscheiden. Der Gift-Häubling riecht eher mehlartig, während das Stockschwämmchen angenehm aromatisch pilzartig duftet. Das Sporenpulver ist bei beiden Arten braun. Die des Gift-Häublings sind dextrinoid und die des Stockschwämmchens inamyloid.

Wo wächst er?

Von September bis November auf totem Nadel- und Laubholz. Noch vor einigen Jahren hat man ihn als Nadelholz-Häubling beschrieben. Doch er wurde zunehmend auch auf Laubholz gefunden und so ist dieser Name irreführend. Häufig wächst er in großen Büscheln auf Rindenmulch und Holzschnitzeln bei Holzsägeplätzen.

Grüner Knollenblätterpilz *Amanita phalloides*

Er hat weder die „warnenden Flocken" der Fliegenpilze auf dem Hut noch einen unangenehmen Geschmack. Die Giftstoffe lassen sich durch Kochen nicht zersetzen und verursachen 90 % der tödlichen Pilzvergiftungen. In England wird er auch „death angel" (Todesengel) genannt. Die Beschwerden treten meist erst 8-24 Stunden nach der Mahlzeit auf, und nach 1-2 Tagen tritt eine scheinbare Besserung ein, während die Leber weiter zerstört wird. Verwechslungen sind vor allem mit **Champignons** (S. 86), **Täublingen** (S. 78) oder **Grünlingen** (*Tricholoma equestre*) möglich.

Erkennen kannst du Knollenblätterpilze an der Teil- und Gesamthülle (S. 17), die jung den ganzen Pilz umschließt. Sie ist so stabil, dass sie am Scheitel aufreißt und als Scheide an der dicken Knolle zurückbleibt. Die Lamellen sind frei und die Huthaut lässt sich tortenstückartig vom Hut ziehen.

Der **Gelbe Knollenblätterpilz** (*Amanita citrina*) ist häufiger und an seinem an Kartoffelkeime erinnernden Geruch und den Flocken auf dem Hut zu unterscheiden.

Wo wächst er?

Von Juli bis Oktober in Symbiose mit Laubbäumen, meist Eichen. Er kann auch auf Rasenflächen wachsen, wenn dort nur ein einzelner Baum in seiner Nähe gedeiht.

Verdacht auf Vergiftung?

Wichtig ist zunächst, nicht in Panik zu geraten. Die Angst ist meist größer als die tatsächliche Gefahr – und auch bei wirklichen Vergiftungen geht durch ein planvolles und ruhiges Vorgehen keine Zeit verloren. Der Blutkreislauf wird durch Aufregung nur zusätzlich angeregt und dadurch das Gift besonders gut transportiert.

Wenn die Symptome sehr kurz nach der Mahlzeit auftreten, ist eine erfolgreiche Behandlung umso sicherer – und dies selbst bei tödlich giftigen Pilzen. In jedem Fall ist der Rat eines Fachmannes (Arzt, Giftnotrufzentrale oder Pilzsachverständiger) einzuholen.

Kurz nach dem Essen (2-3 Stunden) ist die Behandlung am erfolgversprechendsten, da die Reste der Mahlzeit noch nicht vollständig vom Körper aufgenommen wurden. Milch oder Alkohol zu trinken ist nicht ratsam, da die Gifte dann noch schneller in den Blutkreislauf gelangen. Auch Salzwasser zu trinken kann gefährlich sein, besonders bei Kindern.

Bei Symtomen, die nach ca. 8 Stunden auftreten, sollte in jedem Fall ein Arzt zu Rate gezogen werden. Für eine sichere Diagnose und passende Behandlung ist die Art der Pilzvergiftung entscheidend. Daher solltest du die Putzabfälle, die Reste der Mahlzeit und evtl. Erbrochenes aufbewahren.

Auf der Homepage der Deutschen Gesellschaft für Mykologie (www.dgfm-ev.de) findest du unter „Sofortmaßnahmen" weitere Verhaltensregeln und unter „Pilzsachverständige" einen Pilzsachverständigen in deiner Region.

Dies sind die Telefonnummern von Pilznotrufzentralen. Hier bekommst du nähere Informationen und kannst von dort aus an einen sachkundigen Arzt oder Pilzsachverständigen in der Nähe vermittelt werden:

Giftnotrufzentralen:

Zentrale Anlaufstelle in Berlin: Tel. (030) 19240
Bonn: Tel.: (0228) 2873211
Erfurt: Tel.: (0361) 730730
Freiburg: Tel.: (0761) 19240
Göttingen: Tel.: (0551) 19240
Homburg/Saar: Tel.: (06841) 19240
Mainz: Tel.: (06131) 19240
München: Tel.: (089) 19240
Nürnberg: Tel.: (0911) 398-2451
Österreich (Wien): 01 406 43 43
Schweiz (Zürich): + 41 44 251 51 51

Index

T

V

W

X

Z

Fachausdrücke

amorph	strukturlos
Basalfilz	Myzelfilz am unteren Teil des Pilzstieles
Basidie	sporenbildende Zelle in der Fruchtschicht des Pilzes
basischer Boden	Böden (meist auf Kalk) mit basischer (alkalischer) pH-Reaktion über 7
bereift	reifartiger Belag auf der Oberfläche des Fruchtkörpers
Braunfäule	bräunlich zersetztes Holz, da nur Zellulose abgebaut wird
Cortina	spinnwebartige Hülle (vor allem Schleierlinge – Cortinariaceae) zwischen Hut und Stiel
Familie	nächstgrößere Einheit, in die verschiedene Gattungen gehören
fertil	fruchtbar (mit Sporenbildung)
Fruchtschicht	Teil des Pilzfruchtkörpers, der Sporen bildet (Hymenium)
Gattung	nächstgrößere Einheit, in die verschiedene Arten gehören
Gesamthülle	umschließt den jungen Fruchtkörper komplett
hygrophan	Farbveränderung je nach Feuchtigkeitsgehalt
Hyphen	Zellen, aus denen die Pilze aufgebaut sind
Hymenium	Teil des Pilzfruchtkörpers, der Sporen bildet (Fruchtschicht)
Lamellen	blattartige Fruchtschicht
Manschette	Reste der Teilhülle, die am Stiel zurückbleiben
Mykologie	Pilzkunde
Mykorrhiza	Lebensgemeinschaft (Symbiose) zwischen Pilzen und Pflanzen über die Wurzeln
Myzel	Pilzgeflecht aus Hyphen im Substrat (meist Boden oder Holz)
Parasiten	Organismen, die auf Kosten anderer leben
Rhizomorphe	wurzelartige Hyphenstränge mit verdickten Hyphen
Ring	Reste der Teilhülle, die am Stiel zurückbleiben (Manschette)
Saprobiont	Zersetzer, gedeiht auf totem organischem Material und baut dieses ab
Sporen	Verbreitungseinheit („Samen“) der Pilze
Sporenabdruck	Sporenabwurfpräparat, das ein Sporenfarbbild (Sporogramm) zeigt
Stielbasis	unterer Teil des Pilzstieles
steril	unfruchtbar (ohne Sporenbildung)
Substrat	Nährboden, von dem sich die Pilze ernähren und auf dem sie Fruchtkörper bilden
Synonym	weiterer Name mit gleicher Bedeutung
Teilhülle	Schutz der Fruchtschicht junger Fruchtkörper zwischen Hut und Stiel
Trama	Gewebe der Pilzfruchtkörper
Velum	Schutzhülle junger Fruchtkörper
Volva	Reste der Schutzhülle (des Velums), die an der Stielbasis zurückbleiben
Weißfäule	Holzzersetzung, bei der das Holz weißlich gefärbt ist, da neben Zellulose auch Lignin abgebaut wird
Xylobiont	Holzzersetzer

Weitere Bücher der Autoren

Pflanzenbücher

LÜDER, R. & F. (2021): Wildpflanzen zum Genießen... für Gesundheit, Küche, Kosmetik und Kreativität. Kreativpinsel-Verlag, Neustadt

LÜDER, R. & F. (2023): Wildpflanzen zum Genießen... für unterwegs. Kreativpinsel-Verlag, Neustadt

LÜDER, R. (2022): Grundkurs Pflanzenbestimmung. Quelle & Meyer Verlag, Wiebelsheim

LÜDER, R. (2021): Grundkurs Gehölzbestimmung. Quelle & Meyer Verlag, Wiebelsheim

LÜDER, R. & F. (2019): Doldenblütler von Pastinakengemüse bis Schierlingsbecher. Kreativpinsel-Verlag, Neustadt

LÜDER, R. (2019): Bäume bestimmen – Knospen, Blüten, Blätter, Früchte. Haupt Verlag, Bern

LÜDER, R. (2022): Grundlagen der Feldbotanik. Haupt Verlag, Bern

Pilzbücher

LÜDER, R. (2022): Grundkurs Pilzbestimmung. Quelle & Meyer Verlag, Wiebelsheim

LÜDER, R. (2023): Pilze sammeln leicht und sicher. blv Verlag, München

LÜDER, R. & F. (2022): Pilze zum Genießen...für eine nachhaltige, kreative, leckere und gesunde Zukunft. Kreativpinsel-Verlag, Neustadt

Apps

LÜDER, R. (2024) App: Pilze zum Genießen... für eine nachhaltige, kreative, leckere und gesunde Zukunft. Kreativpinsel-Verlag, Neustadt

LÜDER, R. & F. (2016): Wildpflanzen zum Genießen... ...für Gesundheit, Küche, Kosmetik und Kreativität. Kreativpinsel-Verlag, Neustadt

Kinderbücher

LÜDER, R. & A. BEERMANN (2004): Die kleine Hexe Duftnäschen. Echinomedia Verlag, Bürgel

LÜDER, R. & A. BEERMANN (2006): Das Geheimnis des Bibersees. Quelle & Meyer Verlag, Wiebelsheim

LÜDER,R. & HOHBERGER, M.F (2016): Selfie mit Löwenzahn. Entdecke die Natur mit Smartphone und Tablet. Haupt Verlag, Bern

LÜDER, R. & F. (2015): Die geheimnisvolle Welt der Pilze. Das Natur-Mitmachbuch für Kinder. Haupt Verlag, Bern

Röhrenpilz (Steinpilz, Seite 50)

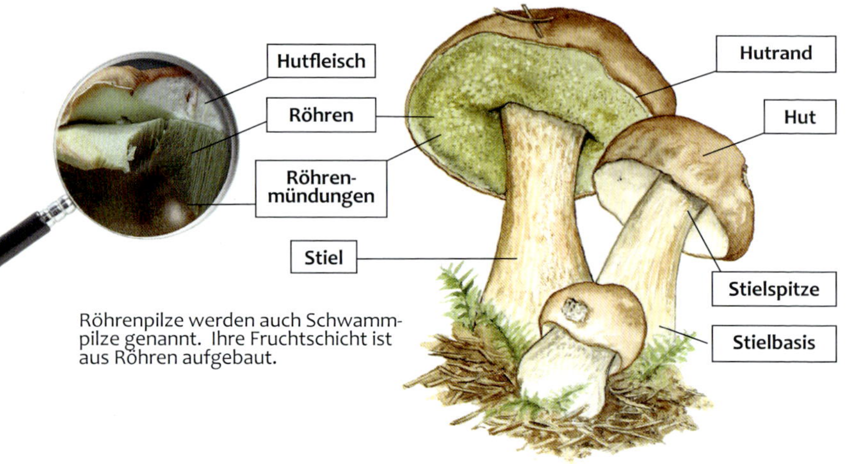

Röhrenpilze werden auch Schwammpilze genannt. Ihre Fruchtschicht ist aus Röhren aufgebaut.

Lamellenpilz (Fliegenpilz, Seite 123)

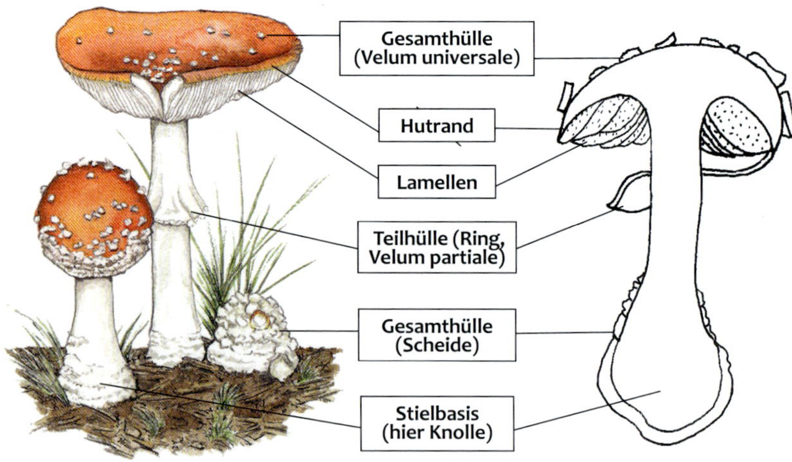

Die Gesamthülle umschließt jung den gesamten Fruchtkörper. Nach dem Heranwachsen bleiben ihre Hüllreste als Scheide an der Stielbasis und/oder auf dem Hut zurück (Seite 17). Die Teilhülle schützt jung die Fruchtschicht und bleibt später als Ring am Stiel zurück.